KB187221

우리 주변에서 볼 수 있는 지의류 199종

지의류 생태도감

A Field Guide to Lichens

우리 주변에서 볼 수 있는 지의류 199종

지의류 생태도감

A Field Guide to Lichens

국립수목원 지음

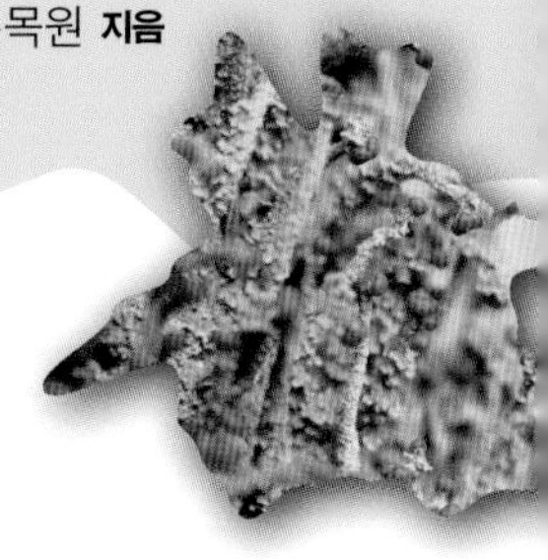

GEOBOOK 지오북

머리말

숲을 생각하면 가장 먼저 나무들이 떠오릅니다. 하지만 좀 더 가까이 들여다보면 숲 속엔 큰 키 나무들 사이로 작은 관목들과 풀들, 터를 잡은 새와 곤충들, 그리고 버섯과 지의류 등 수많은 생물들이 공존하고 있습니다. 숲은 이러한 생물들이 어우러져 살아가는 커다란 유기체입니다. 이들은 서로가 서로에게 연결되어 있는 탓에 어느 한쪽 사슬이 상처를 입거나 끊어지면 그 영향이 더불어 살아가는 모두에게 돌아가게 되지요. 그래서 숲 속의 생물들, 그리고 이들을 둘러싼 무기환경, 어느 하나 중요하지 않은 것이 없답니다.

지의류도 그 구성원의 하나입니다. 특히 지의류는 생물이 살아가기 어려운 환경에서도 가장 먼저 와서 자리 잡고 다른 생물들이 정착하는 데 필요한 영양분과 자리를 만들어주므로 숲 속에서 없어서는 안 될 중요한 존재입니다.

그런데 막상 지의류에 대해 우리는 잘 모릅니다. '이끼인가?' '버섯인가?' '아님 뭐지?' 궁금하시지요? 간혹 "석이를 아세요?"라고 물으면 "그거 버섯 아니에요?"라고 되묻기도 하지요. 목이는 버섯이지만, 바위에 붙어 자라는 석이(石栮)는 대표적인 지의류랍니다. 지의류는 참으로 놀라운 존재이지요. 곰팡이와 조류(藻類)가 공생관계를 맺고 살아가는 복합생명체입니다. 자연과학이 앞선 국가들에서 지의류는 환경오염이나 숲 건강성의 지표로 이용되기도 하고 식용 또는 약용되기도 합니다. 특히 공생체가 생산하는 독특한 2차 산물의 자원적 가치에 관심이 모아지고 있습니다.

그동안 우리나라는 이 땅에서 살고 있는 수백 종류의 지의류를 그저 지의류라고만 불러왔습니다. 지의류만 따로 다루고 있는 도감조차 존재하지 않았으니 당연한 일인지도 모릅니다. 그래서 국립수목원에서는 지난 10년 동안 이 땅에서 살아가는 지의류를 찾아내고 밝히는 연구를 수행하여 많은 신종과 미기록종을 발표해왔습니다. 그 성과를 모은 첫번째 결과물로『지의류 생태도감』을 발간하게 되었습니다. 우리나라 최초의 지의류 도감입니다.

이 책에는 우리 주변에서 볼 수 있는 지의류 199종의 해설과 500여 장의 사진이 함께 수록되어 있으니 그간의 답답함을 해소하는 데에 많은 도움이 되시리라 생각합니다. 앞으로 지의류와 관련된 다양한 분류학적, 생태적, 유전적 정보들을 데이터베이스화하여 보다 많은 분들이 활용하실 수 있게 할 예정입니다. 불모의 땅에서 첫 도감이 나오기까지 연구를 이끌어주신 순천대학교 허재선 교수님 연구팀, 국립수목원 산림미생물연구팀의 노고에 큰 치하를 드립니다.

2015년 10월

국립수목원장 이 유 미

차례

Caliciaceae

Pilocarpaceae

Ramalinaceae

차례

Teloschistaceae

Umbilicariaceae

Lecideaceae

Verrucariaceae

일러두기

1. 한국의 산과 해안가에서 비교적 흔히 볼 수 있는 지의류 199종의 사진(생태, 엽체, 형태적 특징, 번식체 등), 기재 및 서식기물 등을 서술하여, 채집 지의류 표본이나 자연 서식지에서 관찰할 수 있는 지의류와 쉽게 비교하여 알아볼 수 있도록 하였습니다. 비전문가들을 위하여 비교적 육안으로 판단이 용이한 거대지의류인 엽상체와 수지상 지의류를 위주로 선정하여 기재하였습니다.

2. 지의류 분류체계는 『Ainsworth & Bisby's Dictionary of the Fungi, 10th Edition』(CAB International, 2008)의 분류체계를 따랐습니다. 학명 및 명명자는 'Index Forgorum Database'(http://www.indexfungorum.org/names/Names.asp)에 따라 정리하였으며 현재 통용하고 있는 학명만을 기재하였습니다.

3. 이 책에 나오는 모든 지의류 종들의 형태적 특징 사진은 보통 육안으로 식별하기에는 어려운 작은 크기의 구조들로, 독자의 이해를 돕기 위해 확대(×10 내외)한 이미지의 사진입니다. 사진에 해당 크기의 표시(scale bar)를 삽입하여 상대적 비교를 할 수 있도록 하였습니다. 현미경적 구조에 해당하는 포자 등과 같은 사진은 포함되어 있지 않습니다. 현장 서식 지의체 전체 이미지 사진을 주로 게재하였으며, 자

연 상태에서 관찰할 수 있는 지의체 색깔은 지의체의 건조 정도에 따라 달라질 수 있음을 염두에 두시길 바랍니다.

4. 지의류의 명칭은 한글 이름(국명)과 학명이 병기되어 있으며 기존에 알려진 국명은 『국가 생물종 목록집 「지의류」』(국립생물자원관, 2013)를 기준으로 하였고, 국명이 없는 종의 경우 이번에 새롭게 국명을 부여하여 기재하였습니다. 용어는 영어와 일본어로 사용되는 것을 모두 고려하여 가급적 우리말로 풀어 쓰는 방향으로 정리하였지만, 우리말로 풀어쓰기 어려운 경우 일본어나 영어를 발음 나는 대로 사용하였습니다.

5. 지의류 각각의 종에 대한 설명은 채집 기록이나 표본을 조사하여 작성하였으며, 필요에 따라 기존의 문헌에 보고된 내용을 참고로 하여 수정 보완하였습니다.

6. 현재까지 문헌에 기록된 한국산 지의류는 600여 종이 넘을 것으로 예상되지만, 이 책에 나오는 지의류들은 모두 실물 표본을 기준으로 작성된 것이며, 우리 산하에서 볼 수 있는 지의류 중에서 이 책에 포함되어 있지 않은 지의류 종도 상당수가 된다는 점을 알려드립니다.

로젯트지의

이 책을 보는 방법

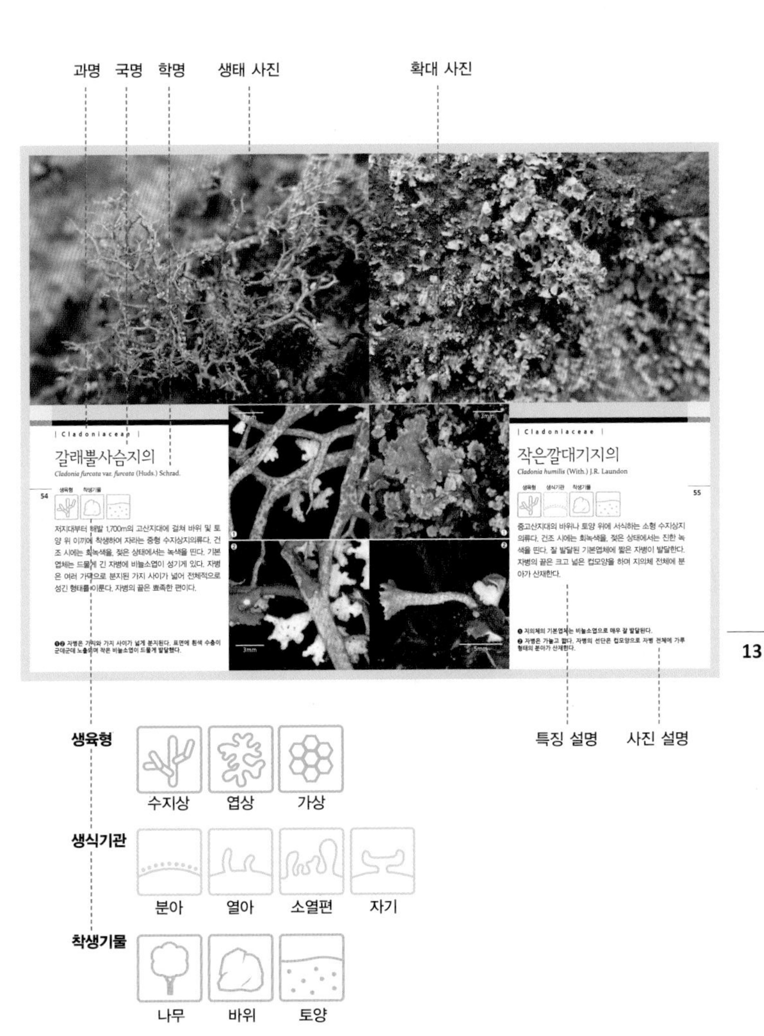

과명
국명
학명
생태 사진
확대 사진
| Cladoniaceae |
갈래뿔사슴지의
Cladonia furcata var. furcata (Huds.) Schrad.
54
생육형
착생기물
저지대부터 해발 1,700m의 고산지대에 걸쳐 바위 및 토양 위 이끼에 착생하여 자라는 중형 수지상지의류다. 건조 시에는 회녹색을, 젖은 상태에서는 녹색을 띤다. 기본엽체는 드물게 긴 자병에 비늘소엽이 성기게 있다. 자병은 여러 가닥으로 분지된 가지 사이가 넓어 전체적으로 성긴 형태를 이룬다. 자병의 끝은 뾰족한 편이다.
❶❷ 자병은 가지와 가지 사이가 넓게 분지된다. 표면에 흰색 수층이 군데군데 노출되며 작은 비늘소엽이 드물게 발달했다.
3mm
3mm
5mm
| Cladoniaceae |
작은깔대기지의
Cladonia humilis (With.) J.R. Laundon
55
생육형
생식기관
착생기물
중고산지대의 바위나 토양 위에 서식하는 소형 수지상지의류다. 건조 시에는 회녹색을, 젖은 상태에서는 진한 녹색을 띤다. 잘 발달된 기본엽체에 짧은 자병이 발달한다. 자병의 끝은 크고 넓은 컵모양을 하며 지의체 전체에 분아가 산재한다.
❶ 지의체의 기본엽체는 비늘소엽으로 매우 잘 발달된다.
❷ 자병은 가늘고 짧다. 자병의 선단은 컵모양으로 자병 전체에 가루 형태의 분아가 산재한다.
특징 설명
사진 설명
생육형
수지상
엽상
가상
생식기관
분아
열아
소열편
자기
착생기물
나무
바위
토양

1. 지의류란?

지의류는 단독 생명체가 아니라 곰팡이(fungi)와 광합성을 할 수 있는 조류(algae)가 공생관계를 유지하고 있는 독특한 생명체이다. 지의류 곰팡이는 녹조류(green algae), 남조류(cyanobacteria) 또는 녹조류와 남조류 모두와 공생관계이다. 지의류 공생체는 지의체(thallus)라는 몸체를 만들어 안정적으로 살아간다. 곰팡이는 조류에게 서식처, 수분, 무기양분을 공급하고 대신에 조류는 광합성을 통해 합성한 탄수화물(탄소원)을 곰팡이에게 제공한다. 곰팡이(mycobiont)와 광합성 공생체(photobiont)의 결합은 진화적 성공의 결과로 14,000~18,000종이 세계적으로 보고되고 있으며, 크기, 모양 및 색깔이 매우 다양하다. 극지방부터 적도까지, 조간대부터 산 정상까지, 그리고 토양, 바위, 수피 등 모든 물체의 표면에서 자란다.

지의류는 이끼(moss), 태류(liverwort), 단독 생활 곰팡이 및 조류와 함께 은화식물(cryptogam: 종자가 아닌 포자로 번식하는 식물을 칭함)로 나뉜다. 형태적으로 유사해 보이는 선태류(bryophytes)라고 불리는 이끼와 태류는 식물계에 속하며, 지의류와 생물학적으로 매우 다르다. 이끼와 엽상 태류는 엽록체를 지닌 세포로 이루어진 작은 녹색 잎을 지니고 있어 지의류와 쉽게 구분된다. 납작하고 광엽을 지닌 태류는 겉이 지의류와 매우 흡사하여 혼돈하기 쉽다.

/사진1/
바위에서
자라는
지의류

/사진2/
나무줄기에서 자라는 지의류

❶❷ 벚나무 (경남 하동 쌍계사)

❸❹ 느티나무 (전남 화순 운주사)

❺❻ 단풍나무 (전남 화순 운주사)

건조한 상태(왼쪽)와 젖은 상태(오른쪽)

/사진3/
지붕에서
자라는 지의류

/사진4/
석상에서
자라는 지의류

/사진5/

다양한 지의류의 서식지 모습

❶ 남극의 지의류

❷ 선인장에서 자라는 지의류

❸ 새둥지 재료로 사용된 지의류

❹ 조개껍질에 서식하는 지의류(칠레)

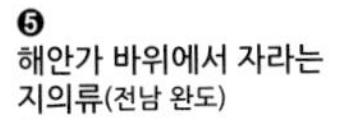

❺
해안가 바위에서 자라는 지의류(전남 완도)

❻
해안가 바위에서 자라는 지의류(제주 성산포)

❼
버려진 신발에서 자라는 지의류(제주)

❽
나뭇가지에서 자라는 지의류

❾
고산지대 바위에서 자라는 지의류(중국)

❿
고산지대 나무에서 자라는 지의류(중국)

⓫
바위에서 자라는 지의류

2. 지의류 형태 및 구조

지의체는 일반적으로 가장자리가 둥글고, 지름이 1~30㎝인 것이 많으며, 암석, 수피, 토양 등지에서 때때로 집단을 이루어 보다 넓은 면적으로 퍼져 나간다. 지의류를 식별하기 위해서는 지의체의 생장형(growth form), 색깔, 크기 등에 주의를 기울일 필요가 있다. 숙련되면 생장형만으로 속(屬)을 구별할 수 있고, 육안으로 종(種)까지도 구별할 수 있다. 그러나 중요한 특징은 확대경으로 봐야 할 경우가 많다.

지의체의 색깔을 잘 익히면 동정(identification)하는 데에도 매우 편리하다. 색깔은 중요한 특징이지만, 안정적이지 못한 경우가 많고 또 기술하기 어려운 점이 있다.

광택이 있는 피층은 습할 때는 투명해져서 지의체가 초록색으로 변하는데 이는 엽록소를 함유한 조류의 녹색이 나타나기 때문이다. 특별한 경우를 제외하고 공기 중에서 지의체는 건조된 후의 색깔로 판정한다. 지의체의 색깔은 각각의 색을 가진 대사산물의 차이에 의해 결정된다.

일반적인 엽상체(foliose) 지의류의 종단모식도를 살펴보면, 지의체는 크게 피층, 수층, 조류층으로 구성되어 있다. 피층(cortex)은 지의체의 가장 바깥쪽에 있는 곰팡이 균사(hyphae)가 서로 융합해서 만들어진 것으로 지의체를 보호하는, 고등식물의 표피조직에 해당한다. 지의체 윗면의 피층을 상피층(upper cortex), 아랫면의 피층을 하피층(lower cortex)이라 부른다. 하피층에는 대부분의 경우 기물에 부착하기 위한 가근 따위의 부속

/사진6/
유사금테지의의 종단면

지가 있으며, 상피층에는 지의체의 색깔을 결정하는 지의류 대사산물인 색소가 존재하는 경우도 있다.

수층(medulla)은 균사가 헐겁게 종횡으로 엮여 만들어진 것으로 일반적으로 흰색이지만 색소가 존재하는 경우도 있다. 공생조류가 지의체 속의 균사조직에 의해 둘러싸여 있는 층을 조류층(algae layer)이라 하는데 대체로 지의체 상피층과 수층 사이에 존재한다.

3. 지의류의 생육형

지의류를 일반적인 외형에 따라 엽상지의, 수지상지의, 가상(고착)지의와 같이 세 가지 생육형으로 크게 나눈다. 전적으로 외형으로만 구분하는 것이기 때문에 계통학적 분류는 아니지만 지의류를 인식하는 데에는 편리한 분류법이다.

1속 내에서 2개 이상의 생육형이 관찰되는 경우도 있고 사슴지의속(*Cladonia*) 등에서 볼 수 있는 것처럼 지의체가 발달함에 따라 처음에는 인편상 또는 가상이던 것이 나중에 수지상이 되기도 한다. 이와 같은 경우에는 별도로 설명하지 않는 한 지의가 잘 발달한 경우의 생육형을 고려하는 것이 보통이다.

/사진7/ 지의류의 세 가지 생육형

엽상지의(葉狀地衣, foliose lichens) : 지의체가 고등식물의 잎처럼 납작하고 기물에 수평으로 번져가는 것으로, 윗면과 아랫면의 색깔이나 표면의 모습에 의해 구별된다. 지의체가 성장함에 따라 거의 수평으로 번지며 주변은 다소 둥그스름하다. 엽상지의의 최대 크기가 종류에 따라 정해져 있기 때문에 대체로 소형(지름 1~2cm), 중형(지름 3~12cm), 대형(지름 13~30cm)으로 편의상 구별할 수도 있다. 지름 1cm 이하라면 인편상지의로 보는 것이 좋다. 아랫면에 있는 가근, 토멘텀, 제상체 등을 이용하여 기물에 부착한다. 전형적인 엽상지의는 많은 열편(lobe)으로 나뉘며 열편은 길게 자라서 다시 분지를 반복하는 것이 보통이다. 열편의 폭은 중요한 특징이다. 좁은 열편은 폭 0.1~2mm로 선상(線狀) 또는 유형(紐形, 끈모양)이 되고, 선단부는 둥근 머리모양이나 모가 나기도 한다. 이에 비해 넓은 열편은 폭 3~20mm로 폭은 일정하지 않고, 선단은 둥글다. 열편의 선단부는 매끄러운 것에서 파도모양, 이빨모양, 소열편(lobule)이 있는 모양, 아주 특이한 톱니모양을 하는 것까지 다양하다.

수지상지의(樹枝狀地衣, fruticose lichens) : 지의체가 수직으로 똑바로 서거나 비스듬하게 또는 늘어져 있으며, 단면은 원형 또는 다소 납작하다. 엽체는 일자형 또는 분지된 가지형으로 소관목상(小灌木狀), 사상(絲狀), 유상(紐狀) 등으로 여러 모양을 하고 있으며 기부(基部)를 이용해 기물에 붙거나 별다른 것 없이 기물에 엉겨 붙어 생육한다. 생장은 오로지 분지의 선단에서 이루어지고, 길이가 최대 30cm 이상이 되는 경우도 있다. 분지의 중심부에 수층이 있고, 그 주위로 얇은 조류층이 있으며, 가장 바깥쪽에 피층이 있는 것이 일반적이다. 바깥쪽의 피층이 탈락하거나 처음부터 없는 경우도 있다. 송라 등의 경우는 중심부에 균사가 모여 연골질의 중축이 만들어진다. 사슴지의속이나 탱자나무지의속(*Ramalina*) 지의류는 분지의 속이 비어 있는 경우도 있다. 수지상지의 중에서 사슴지의속 지의류는 처음에 인편상(또는 가상)의 지의체(기본엽체, primary thallus)가 생기고, 나중에 수지상의 지의체(자병, podetium)가 2차적으로 생긴다. 자병은 선단부에 컵모양을 하고 있는 경우도 있고 작은 열편이 있는 경우도 있다. 나무지의속(*Stereocaulon*)의 경우에는 나무껍질모양의 지의체를 의자병(擬子柄, pseudopodetium; 가자기병)이라고 부르는데, 여기에 비늘 또는 원통모양의 극지(棘枝, phyllocladia)라는 소돌기가 있다.

가상지의(痂狀地衣, crustose lichens) : 고착지의라고도 한다. 지의체는 아랫면 전체를 이용해 기물에 밀착해 있다. 윗면에는 피층, 조류층, 수층이 있고, 아랫면에는 피층이 없다. 종류에 따라 수피 안이나 바위 속에 균사가 들어있는 경우도 있는데, 그것이 하나의 특징으로 알려져 있다. 표면에 거북이 등껍질모양의 균열이 있는 경우가 많은데, 규칙적으로 나는 경우와 소구획(areola)으로 되어 있는 경우가 있다.

리모스(rimose) : 표면에 방향성 없이 불규칙적으로 금(crack)이 생긴 가상지의체의 생장형태를 말한다.

아레올레(areole) : 작고 불규칙하며 모난 타일조각모양을 나타

/사진8/
지의류의
세 가지 생육형

엽상지의
❶굵은하얀줄당초무늬지의
❷노란매화나무지의

수지상지의
❸원형끈지의
❹작은연꽃사슴지의

가상지의
❺주황단추지의
❻검은눈지의

내는 가상지의체의 생장형태를 말한다.

플라코디오(placodioid) : 가장자리에 엽체가 있고 방사형으로 자라는 가상지의체의 생장형태를 말한다.

레카노린(lecanorine) : 자낭반의 종류 중 하나로 자낭반의 가장자리와 자기반의 색깔이 달라 구분되며, 가장자리에는 공생조류가 있다.

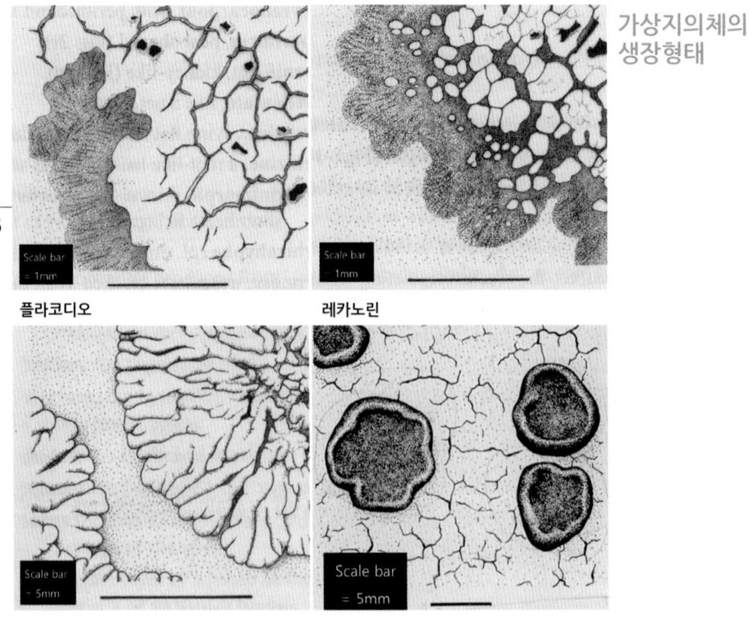

가상지의체의 생장형태

출처 : The Lichens of great Britain and Ireland by C. W. Smith et al., 2009.

4. 영양체(vegetative structures)

지의류는 지의체가 변화하여 만들어진 여러 종류의 영양체에 의해 특징 지을 수 있다. 가근, 토멘툼, 세모 등은 균류에서도 보이지만, 분아, 열아, 소열편, 배점, 의배점은 곰팡이와 조류가 공생한 지의체만 형성하는 독특한 것이다. 대부분은 영양번식의 역할을 하지만 어떤 것은 생리적인 기능을 한다고 여겨진다. 이들 영양체는 지의류 종의 특징으로서 중요한 형질들이다.

열아(裂芽, isidia) : 지의체 표면(주로 윗면)에서 볼 수 있는 원통모양, 산호모양, 사마귀모양, 드물게는 납작한 모양의 작은 돌기가 있다. 열아는 윗면의 피층이 돌출하여 만들어지며 피층, 조류층, 수층으로 이루어진다. 지의체의 표면에 산재한다.

분아(粉芽, soredia) : 수층으로 이루어진 것으로, 피층이 파괴된 부분에 균사를 가진 조류가 분말상으로 모여 있다. 그 분말을 분아라고 하며, 분아가 일정한 윤곽을 가진 집단을 만들었을 때 이것을 분아괴(soralia, 분아덩어리)라 한다. 분아괴는 원형 또는 베개모양이며, 분아가 지의체 윗면 여기저기 생겨나 있을 때에는 형성되지 않는다. 분아괴는 발생하는 위치 등에 따라 여러 가지 형상이 된다.

퍼스튤(pustule) : 열아와 분아의 중간이라고 볼 수 있다. 처음에는 지의체 위에서 열아와 같은 돌기로 생겨나지만, 곤봉모양

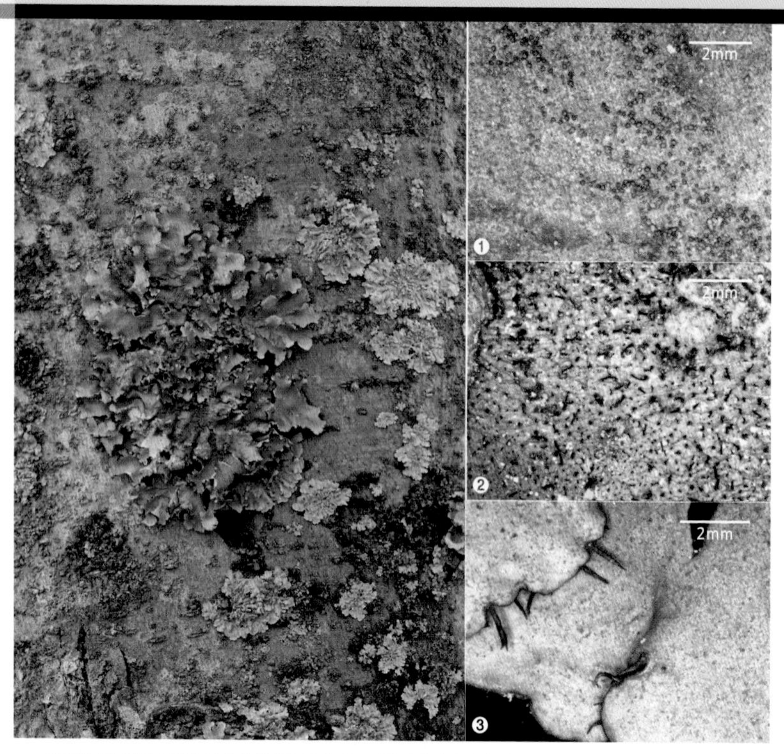

❶갈색이고 둥근 모양의 열아가 성기게 있다. ❷지의체 아랫면 중앙에 검은색이고 가늘며 짧은 가근이 성기게 있다. ❸둥근 가장자리의 끝에 세모가 많다.

/사진9/
큰나플나플눈썹지의

으로 끝이 퉁퉁해지고 나중에는 그 선단이 벌어져 열리면서 분아와 같은 가루가 날린다.

가근(僞根, rhizine) : 위근이라고도 한다. 균사가 모여서 만들어진 것으로 아랫면의 피층에서 돌출되어 지의체를 기물에 고착하는 역할을 한다. 가근은 단일하여 분지하지 않는 일자형, 1~2차례 갈래모양으로 분지하는 것, 혹은 갈래 또는 세척솔모양으로 여러 차례 분지된 것이 있다. 세척솔모양이란 주된 뿌리에

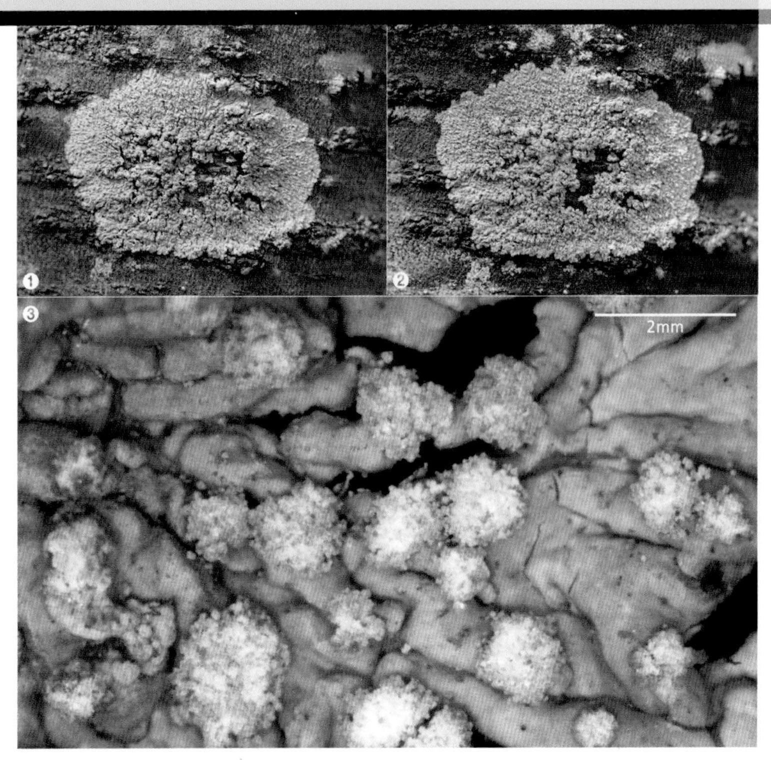

/사진10/
메달지의

❶건조 상태 ❷젖은 상태 ❸지의체의 가장자리를 제외한 전체에 분아가 둥글둥글 뭉쳐서 흩뿌려져 있다.

대해 거의 직각으로 가는 뿌리가 나오는 것으로, 때로는 가는 뿌리에서 직각으로 다시 분지가 나오는 것, 그리고 그것을 반복하는 것도 있다. 가근의 분지형은 중요한 특징이어서 확대경 등으로 관찰해야 한다. 사진9-❷

토멘타(tomenta) : 지의체 아랫면에 붙어 있으나 가근과는 구조가 다르다. 현미경으로 보면 토멘타는 가느다란 세포가 사슬모양으로 연결되어 만들어진 것으로, 분지하지 않고 지의체 아랫면

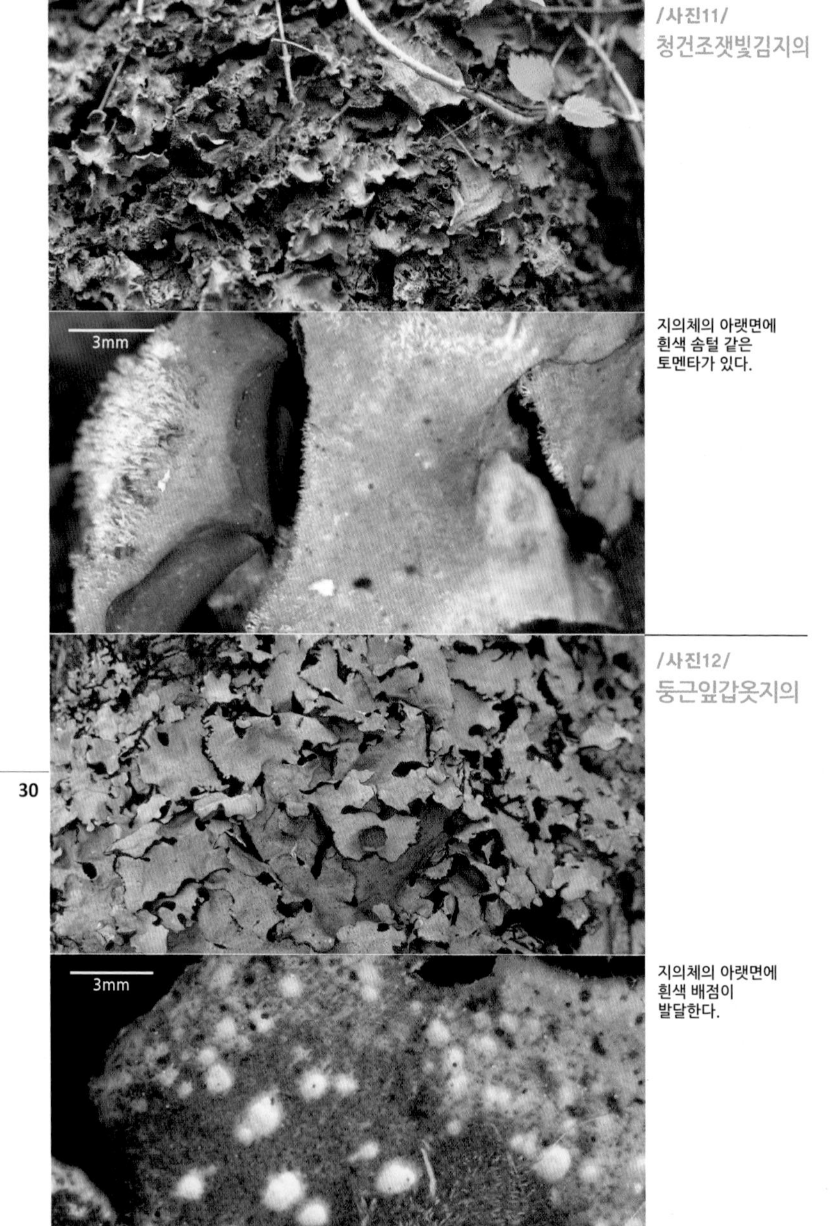

/사진11/
청건조잿빛김지의

지의체의 아랫면에
흰색 솜털 같은
토멘타가 있다.

/사진12/
둥근잎갑옷지의

지의체의 아랫면에
흰색 배점이
발달한다.

/사진13/
유사돌기흰점지의

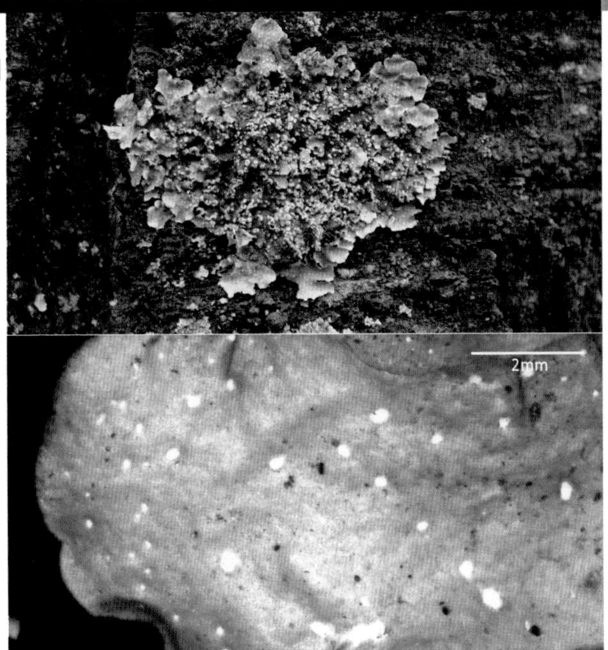

지의체의 윗면 전체에 흰색의 의배점이 많이 분포한다.

을 덮고 있어 엷은 갈색에서 흑색의 융단처럼 보인다. **사진11**

세모(cilia) : 눈썹처럼 생긴 것으로, 여러 종류의 지의체 가장자리에 붙어 있고, 길이는 0.5~6mm(드물게 그 이상)이다. **사진9-❸**

배점(盃点, cyphella), 의배점(擬盃点, pseudocyphella) : 투구지의속(*Lobaria*) 등 토멘타를 가진 종류의 지의체 아랫면에 나 있는 반점모양의 구멍이다. 배점은 피층이 있으나, 의배점은 피층이 없고 배점에 비해 작다. 배점은 지의체의 아랫면에만 있지만 의배점은 때때로 윗면에도 있다. 의배점은 일반적으로 반점모양이지만 경우에 따라 선(line)모양인 경우도 있다. **사진12,13**

제상체(臍狀, holdfast) : 석이 등에서 지의체 아랫면 중앙부의 한 점으로 기물에 달라붙어 산다. 이 부분을 제상체라 한다. 제상체는 섬유상의 균사가 서로 굳게 유합하여 만들어진 것으로 다소 기물에 침투해 있다. **사진14**

해면상조직(海綿狀組織, spongy cushion) : 개발바닥지의속(*Anzia*) 지의체의 아랫면에서 볼 수 있다. 두꺼운 균사가 하나씩 다발을 이루지 않고 서로 교착하여 그물모양을 나타내며, 반구(半球)모양의 돌기를 이룬다. **사진15-❶**

두상체(頭狀, cephalodia) : 지의체에 있는 공생조류(반드시 녹조류)와 다른 별도의 조류(반드시 남조류)를 함유한 지의체의 돌출물이다. 손톱지의속(*Peltigera*)이나 나무지의속(*Stereocaulon*) 등에서 볼 수 있고, 지의체 윗면에 과립상으로 나타난다. 특히, 표면에 나타나지 않고 지의체 내부에 묻혀 있을 때에는 내부두상체라고 한다. **사진16**

에피네크럴층(epinecral layer) : 락토페놀코튼블루용액(염색시약)으로 염색이 되지 않는 피층으로 조류와 균사가 죽은 조직층이다.

프루이나(pruina) : 지의체 표면에 서리가 내린 것 같이 가루결정이 뒤덮여 있는 것을 말한다.

하생균실(prothallus) : 일부 지의류에서 지의체의 밑부분에 있

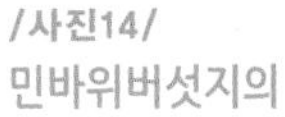

/사진14/

민바위버섯지의

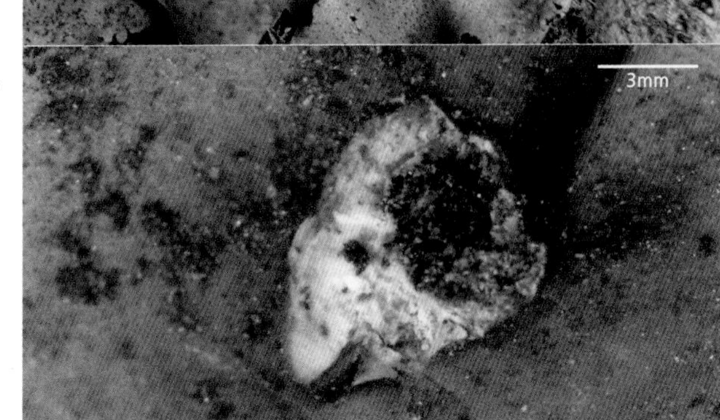

지의체의 중앙 아랫면에 제상체가 있다.

/사진15/

유사개발바닥지의

❶지의체의 아랫면에 해면상조직이 발달한다.
❷지의체의 가장자리에 검은색 점과 같은 분자기가 있다.

/사진16/
산나무지의

가자기병 하단부에 검은색 두상체가 있다.

는 특수한 균실층으로 지의체화되는 초기단계에 생기며 흔히 지의체의 변두리에 남아 있다. 고착지의류에서는 흔히 하생균실에 의해 변두리가 검은 테두리모양의 윤곽선을 이룬다. 이 부분에는 공생조류가 들어 있지 않고 균실로만 되어 있다.

하생조균실(hypothallus) : 특정 거대 지의류의 아래쪽에 있는 균사조직으로 해면상(스폰지 같은 모양의) 조직층을 말한다.

5. 번식체(reproductive structures)

지의류 대부분은 자낭포자를 형성하며, 소수만 담자포자를 형성한다. 자낭을 만드는 번식구조체를 자낭과(ascocarp)라고 하는데, 지름이 0.1~2mm이며 드물게 더 커지기도 한다. 구상(球狀), 반상(盤狀), 불규칙상, 자라서 문자모양(lirella)을 만드는 종류 등 여러 가지가 있다. 자낭과에는 계란형, 원통모양, 주머니모양의 자낭을 가지는 자낭층이 있다. 1자낭에는 통상 8개, 종류에 따라서는 1, 2, 4, 8, 16, 32, 다수의 포자가 들어 있는데, 성숙하면 자낭이 터져 선단으로부터 포자가 비산한다.

자낭각(子囊殼, pyrenocarp) : 일중벽 자낭을 가진 피자기로 지의체 속에 묻혀 있고 일부가 외부로 둥근 모양을 하고 드러나 있는 구형의 구조를 하고 있으며(지름은 0.1~1mm, 드물지만 더 클 때도 있음), 선단부에 공구(孔口, ostiole)라는 작은 구멍이 있다. 자낭과의 중심부에는 자낭층이, 그 주변에는 자낭층을 둘러싼 과각(내벽, 內壁)이 있다. 그 바깥으로 외벽이 있는 것이 일반적이다. **사진17**

자낭반(子囊盤, discocarp) : 자낭과가 원반모양 또는 그릇모양으로 열려 원형으로 또는 길게 자라 있는 것을 말한다. 일중벽 자낭을 형성하는 제1형의 자낭반을 나자기 또는 자기라고 한다. 자낭층의 가장 윗부분은 자낭상층이라 하며 흑색이나 갈색인 경우가 많다. 표면에서 보이는 모양을 빗대어 이것을 접시모

/사진17/

깊은산담수지의

검은 점같이 생긴
자낭각이 퍼져 있다.

/사진18/

레몬큰전복지의

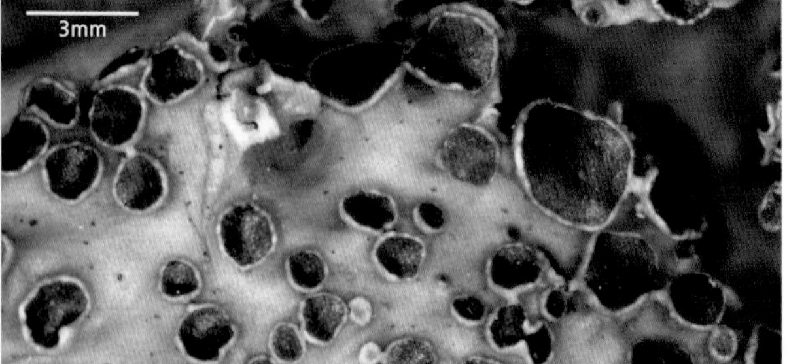

지의체 윗면에
작은 자낭반이
발달한다.

양(盤-disc)이라 한다. 사진18

분자기(pycnidia) : 작은 플라스크모양이다. 지의체의 표면 위 또는 체내에 묻혀서 무성포자인 분생포자(粉子, pycnoconidia)를 생성한다. 사진15-❷

우리
주변에서
볼 수 있는
지의류
199종

| Acarosporaceae |

조약돌지의

Acarospora badiofusca (Nyl.) Th. Fr.

생육형 생식기관 착생기물

해안 저지대의 바위에 착생하여 자라는 가상지의류로 옅은 회백색 또는 황갈색을 띤다. 엽체는 넓게 퍼져서 생장하고, 얇고, 각이 진 타일조각처럼 생장하는 아레올레 형태이다. 아레올레는 0.5~1.5(2)mm로 작은 편이며, 처음에는 둥근데 성숙하면 각이 져 압착되고, 가장자리가 물결처럼 굴곡져 있으며, 바위의 균열을 따라서 생장하고, 드물게는 서로 겹쳐 자라며, 평면이거나 약간 볼록하다. 자낭반은 지름 1~2mm로, 둥글거나 일그러져 물결모양이고, 흑갈색이며, 처음에는 함몰되어 있다가 성숙되면 지의체에 직접 부착되어 자라고, 각이 진다. 자기반은 약간 볼록하고, 울퉁불퉁하며, 항상 지의체보다 어두운색이다.

❶ 자낭반은 아레올레마다 2~4개가 생성되며,
기반은 지의체보다 어두운색이다.

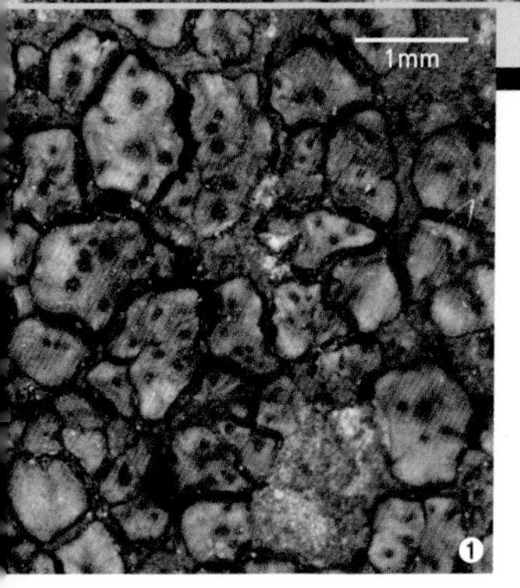

❶ 엽체가 각이 진 타일조각처럼 생장하는 아레올레 형태이고, 인편상지의류 패치를 형성하고, 밀집되어 서로 겹치기도 하고 표면이 울퉁불퉁하다. 자낭반은 아레올레마다 1개가 기본이고 최대 5개가 생성되며, 처음 생성된 것은 점처럼 보이고 성숙되면 오목하거나 평면이고 함몰되어 보이며, 지의체보다 어두운색으로 암적색, 검은색을 띤다.

| Acarosporaceae |

바위딱지지의

Acarospora fuscata (Nyl.) Th. Fr.

생육형 생식기관 착생기물

해발 1,500m 이상 고산지대 바위에 패치 형태로 생장하는 가상지의류로 연한 적갈색, 또는 어두운 적갈색이거나 황갈색이고, 가장자리와 그 뒷면이 검은색을 띤다. 엽체는 각이 진 타일조각처럼 생장하는 아레올레 형태의 인편상지의이며, 넓게 흩뿌려져 있고, 비교적 큰 패치를 형성하며, 드문드문 산발적으로 자라기도 한다. 아레올레는 너비가 0.5~3mm이며, 대부분 밀집되어 있고 형태는 불규칙적이다. 자낭반은 지름 0.2~1mm이고, 아레올레마다 1개 이상 생성되는데, 최대 5개가 생성되기도 한다. 색깔은 어두운 적갈색, 검은색을 띠고 지의체보다 더 어두운색이다.

| Acarosporaceae |

갈색조약돌지의

Acarospora veronensis A. Massal.

생육형 생식기관 착생기물

해발 200m 이하 저지대의 바위에 자라는 가상지의류로 건조 시에는 검은색을, 습한 상태에서는 황갈색을 띤다. 엽체는 각이 진 타일조각처럼 생장하는 아레올레가 분산된다. 눈에 뚜렷하게 띄며 균열을 따라 라인이 생기고, 흩뿌려지거나 밀집되어 자란다. 아레올레는 너비가 0.2~1mm이며, 둥근 형태이지만 압착에 의해 각이 진다. 열편을 간혹 형성하고, 평면에 약간 볼록한 모양을 하며 광택이 난다. 자낭반은 흔히 보이며 지름이 0.2~0.4mm이고, 아레올레마다 1~3개를 생성하며 간혹 서로 결합한다. 지의체에 붙어 오목하고 분화구모양을 한다. 자기반은 흑갈색 원형으로 압착에 의해 길어져 달걀모양을 하기도 한다.

| A c a r o s p o r a c e a e |

점박이지의

Sarcogyne privigna (Ach.) A. Massal.

생육형 생식기관 착생기물

해발 500~1,000m 중고산지대의 바위에서 자라는 가상지의류로 회색을 띤다. 지의체는 바위에 함몰되어 생장하고, 자낭반을 많이 볼 수 있다. 지의체에 직접 부착하여 자란다. 크기는 0.5~1.3mm이며 연한 적색이다. 가장자리는 검은색을 띤다.

| Trapeliaceae |

데이지지의

Placopsis cribellans (Nyl.) Räsänen

생육형 생식기관 착생기물

해발 1,500m 이상 고산지대의 바위에 서식하는 엽상지의류로 크림색, 백색 또는 올리브갈색을 띤다. 지의체는 방사형으로 지의체의 가장자리가 엽체를 이루는 플라코디오 형태이다. 엽체의 가장자리는 둥근 톱니 모양이고, 너비가 1.8mm인 아레올레가 있다. 둥근 열아가 있고, 분아나 하생균실은 거의 볼 수 없다. 두상체는 지의체에 의해 압착 생성되어 반점 모양처럼 보인다. 자낭반은 산발적으로 생성되며 너비가 1.3mm이고, 평면에 약간 오목하다. 자기반은 평평하거나 약간 오목하고, 적갈색이나 장밋빛이고 흰색 결정을 보인다. 분생자각도 볼 수 있다.

❷

| Candelariaceae |

촛농지의

Candelaria concolor (Dicks.) Arnold

생육형 생식기관 착생기물

저지대의 수피에 착생하여 자라는 원형의 소형 엽상지의류로 노란색을 띤다.

❶ 엽체는 꽃잎이 겹쳐서 자라듯이 생장한다. 가장자리에는 알갱이모양의 분아가 잘 발달한다.

❷ 지의체의 아랫면은 흰색이며, 흰색의 가근 다발이 촘촘히 발달한다.

| Cladoniaceae |

가시묶음지의

Cladia aggregata (Sw.) Nyl.

생육형 착생기물

우리나라 전역에 분포한다. 600m 이상에 햇빛이 잘 드는 바위나 토양의 이끼 위에 자라는 중형 수지상지의류다. 건조 시에는 진한 갈색을, 젖은 상태에서는 녹색을 띤다. 가시덤불처럼 뾰족한 형태로 군집을 이루어 자란다.

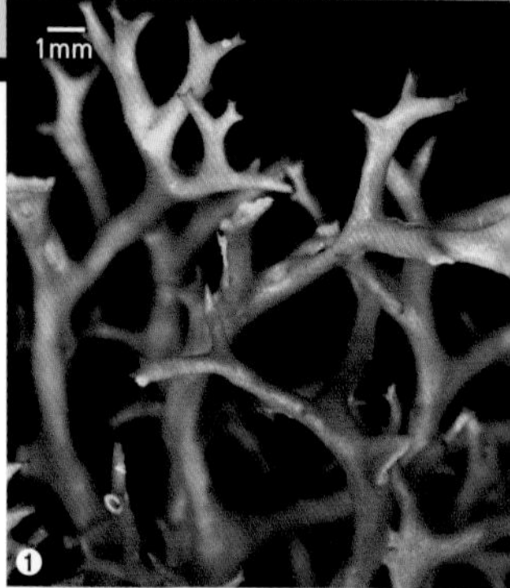

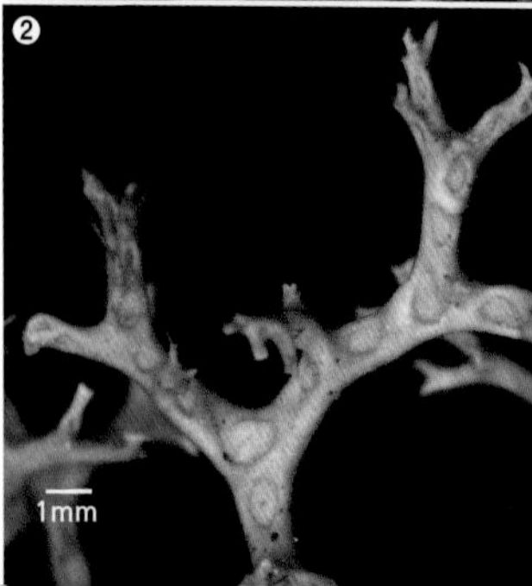

❶ 가자기병의 가운데는 빈 원통모양을 한다. 끝부분은 뿔모양으로 두 갈래 또는 불규칙적으로 분지되며 잘 부스러진다.

❷ 가자기병의 아랫면에는 구멍이 많다.

분말창끝사슴지의

Cladonia coniocraea (Flörke) Spreng.

생육형 생식기관 착생기물

저지대부터 해발 1,600m 사이 고산지역의 토양이나 이끼 위에서 자라는 소형 수지상지의류다. 지의체는 녹색 또는 연한 녹색을 띠며, 기본엽체는 잘 발달하여 대형이다. 비늘소엽에서 자병이 발달하고 우스닌산(usnic acid)을 포함해 노란색을 띤다.

❶ 자병의 끝은 뾰족하고 드물게 컵을 형성한다. 자병의 기저부를 제외한 전면에 가루모양 분아가 풍부하게 발달한다.

| Cladoniaceae |

과립나팔지의

Cladonia granulans Vain.

생육형 생식기관 착생기물

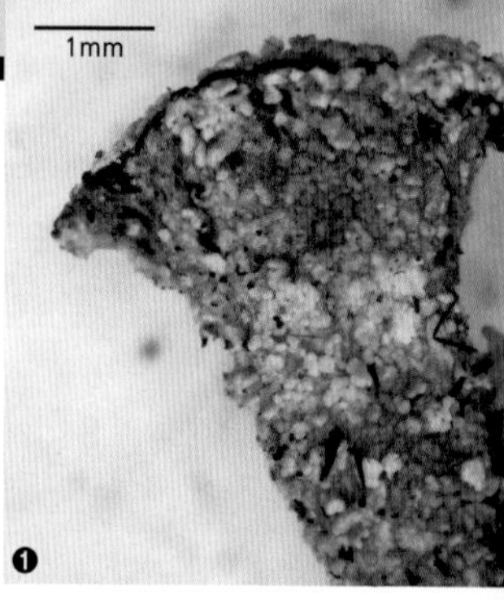

저지대부터 해발 1,800m 고산지대에 걸쳐 바위 및 토양 위 이끼에 착생하여 자라는 소형 수지상지의류다. 윗면은 노란회색을 아랫면은 흰색을 띤다. 기본엽체는 비늘소엽 형태로 소엽들은 위로 들린다. 자병의 선단부는 컵 모양을 한다.

❶ 자병 표면은 분아가 아닌 작은 알갱이들이 비늘소엽과 섞여 덮고 있다. 자병의 끝에 나팔모양의 얇은 컵이 있고, 컵은 가장자리를 따라 요철모양을 띤다.

| Cladoniaceae |

뿔사슴지의

Cladonia amaurocraea (Flörke) Schaer.

생육형 착생기물

해발 600m 이상의 산림지역에서 덤불처럼 뭉쳐 자라는 중형 수지상지의류다. 지의체는 황록색을 띠며 토양이나 이끼 위에서 주로 생장한다. 지의체 끝은 밝은 갈색이 물든 것처럼 보인다.

❶ 지의체의 기본엽체는 거의 볼 수 없으며 가늘고 긴 자병만 있다. 자병은 피층이 발달하지 않아 군데군데 흰색 반점의 수층이 노출되며, 불규칙적으로 분지한다.

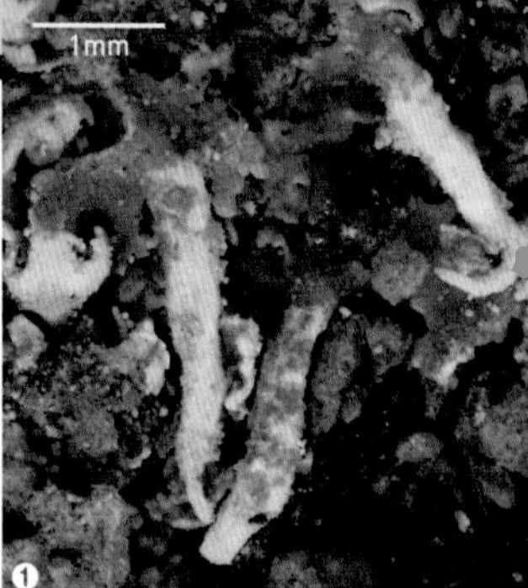

| Cladoniaceae |

좀막대꽃지의

Cladonia bacilliformis (Nyl.) Sarnth.

생육형 생식기관 착생기물

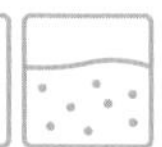

저지대 산림지역의 토양이나 바위에서 자라는 소형 수지상지의류다. 지의체는 녹색 또는 연한 녹색을 띤다. 기본엽체가 잘 발달하며 대형이다. 비늘소엽 위에 일자형 자병이 발달한다.

❶ 자병의 끝은 뾰족하며 드물게 컵을 형성한다. 자병 전체에 가루모양의 분아가 풍부하게 발달했다.

깔대기지의

Cladonia chlorophaea (Flörke ex Sommerf.) Spreng.

저지대부터 해발 1,600m 고산지대에 걸쳐 토양 위에서 생장하는 소형 수지상지의류로 녹색을 띤다. 기본엽체가 풍부하고 자병이 매우 짧다. 자병 끝은 넓고 둥근 컵모양을 하며, 컵 주변에 알갱이모양의 분아가 잘 발달한다.

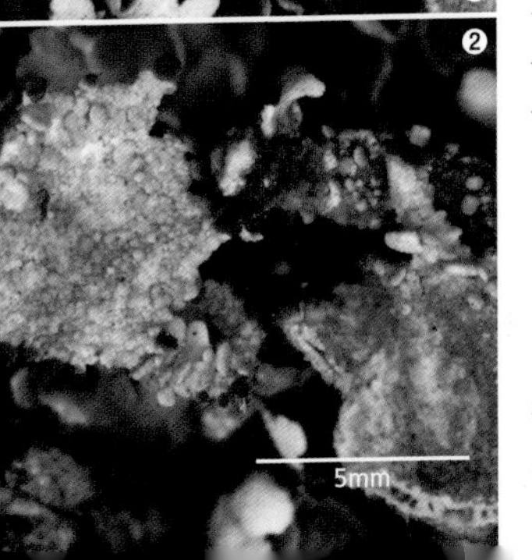

❶❷ 기본엽체가 잘 발달한다. 자병은 짧고, 선단부는 넓고 둥근 컵모양이다. 컵 가장자리를 따라 갈색 자낭반이 보인다. 알갱이 모양의 분아가 컵 주변에 잘 발달했다.

| Cladoniaceae |

분말뿔사슴지의

Cladonia cornuta (L.) Hoffm.

생육형 생식기관 착생기물

저지대부터 해발 1,700m 고산지대에 걸쳐 바위, 수피 및 토양 위 이끼에 착생하여 자라는 중형 수지상지의류다. 건조 시에는 회녹색을, 젖은 상태에서는 녹색을 띤다. 기본엽체가 있으며 지의체는 덩어리처럼 뭉쳐 자란다. 자병은 길고 끝이 뾰족하며 주변으로 작은 알갱이 모양의 분아가 잘 발달한다. 선단부에는 갈색의 분생자각 또는 자낭반이 있다.

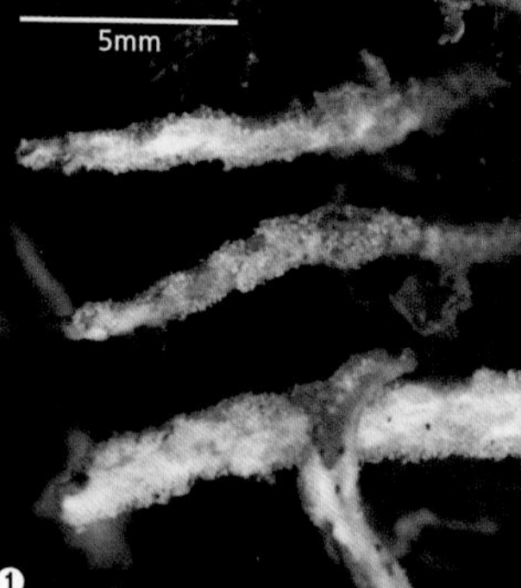

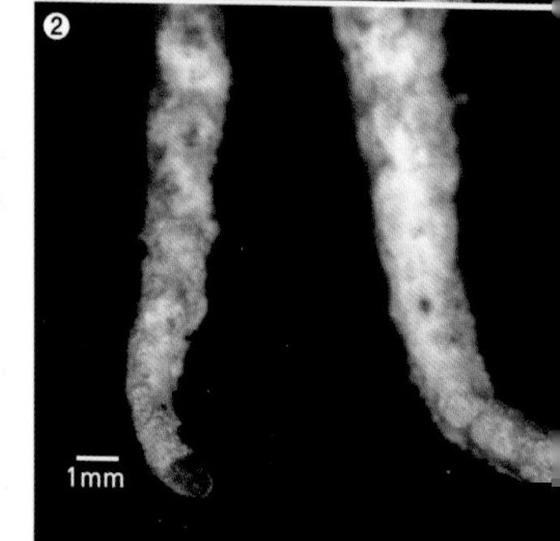

❶ 자병은 봉상으로 선단부는 뾰족하거나 둥글며 분지되지 않는다. 자병에는 가루 같은 분아가 잘 발달하며, 자병의 끝에 갈색 분생자각이 주로 있다.

❷ 자병의 끝에 종종 진한 갈색의 자낭반이 보인다.

| Cladoniaceae |

점붉은열매지의

Cladonia didyma (Fée) Vain.

생육형 생식기관 착생기물

❶

해발 500m 이상 중고산지대의 수피에서 자라는 소형 수지상지의류다. 건조 시에는 황록색을, 젖은 상태에서는 올리브녹색을 띤다. 기본엽체는 작고, 아랫면 가장자리에 분아가 있다. 자병은 분지되지 않는 일자형으로 선단부는 컵모양이 아닌 대신 붉은색 자낭반이 있다.

❶ 자병 표면은 알갱이모양의 분아가 비늘소엽과 섞여서 덮인다. 자병의 끝에는 진한 붉은색 자낭반이 있다.

| Cladoniaceae |

갈래뿔사슴지의

Cladonia furcata var. *furcata* (Huds.) Schrad.

생육형 착생기물

저지대부터 해발 1,700m의 고산지대에 걸쳐 바위 및 토양 위 이끼에 착생하여 자라는 중형 수지상지의류다. 건조 시에는 회녹색을, 젖은 상태에서는 녹색을 띤다. 기본엽체는 드물게 긴 자병에 비늘소엽이 성기게 있다. 자병은 여러 가닥으로 분지된 가지 사이가 넓어 전체적으로 성긴 형태를 이룬다. 자병의 끝은 뾰족한 편이다.

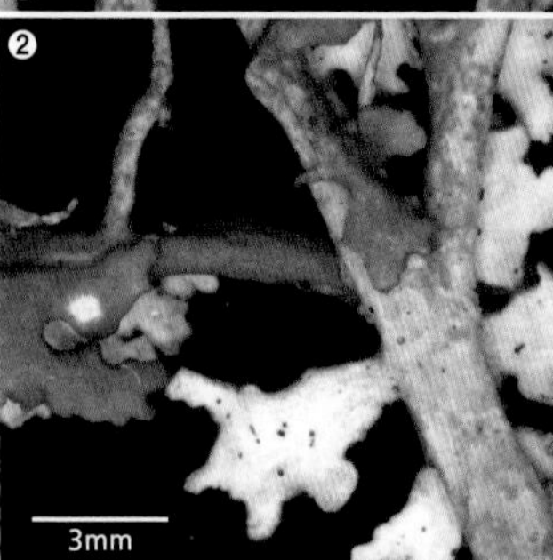

❶❷ 자병은 가지와 가지 사이가 넓게 분지된다. 표면에 흰색 수층이 군데군데 노출되며 작은 비늘소엽이 드물게 발달했다.

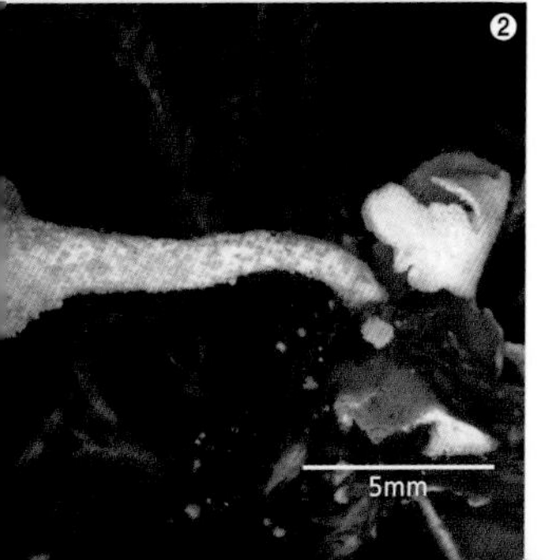

| Cladoniaceae |

작은깔대기지의

Cladonia humilis (With.) J.R. Laundon

생육형 생식기관 착생기물

중고산지대의 바위나 토양 위에 서식하는 소형 수지상지의류다. 건조 시에는 회녹색을, 젖은 상태에서는 진한 녹색을 띤다. 잘 발달된 기본엽체에 짧은 자병이 발달한다. 자병의 끝은 크고 넓은 컵모양을 하며 지의체 전체에 분아가 산재한다.

❶ 지의체의 기본엽체는 비늘소엽으로 매우 잘 발달된다.

❷ 자병은 가늘고 짧다. 자병의 선단은 컵모양으로 자병 전체에 가루형태의 분아가 산재한다.

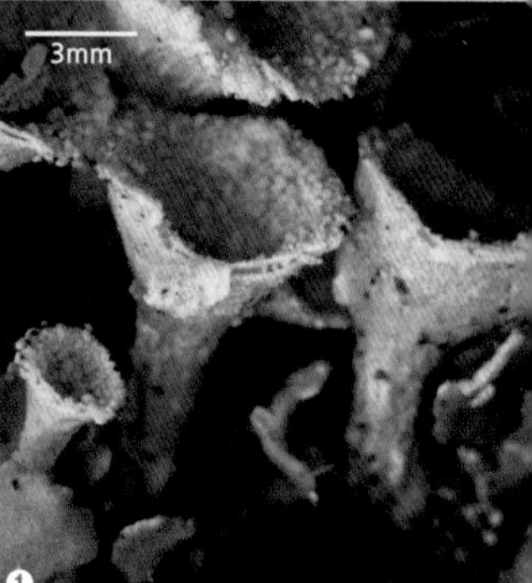

| Cladoniaceae |

과립작은깔대기지의

Cladonia kurokawae Ahti & S. Stenroos

생육형 생식기관 착생기물

중고산지대의 바위나 토양 위에 서식하는 소형 수지상지의류다. 건조 시에는 회녹색을, 젖은 상태에서는 진한 녹색을 띤다. 기본엽체는 잘 발달되며 엽체 위에 가늘고 짧은 자병이 있다. 자병의 끝은 크고 넓은 컵모양이며, 자병 주변으로 굵은 알갱이모양의 분아가 잘 발달된다.

❶ 자병은 짧고, 자병의 끝은 넓은 컵모양을 한다. 컵 내부에는 굵은 알갱이모양의 분아가 잘 발달하여 표면을 덮는다. 컵 가장자리를 따라 갈색 자낭반 또는 분생자각이 있다.

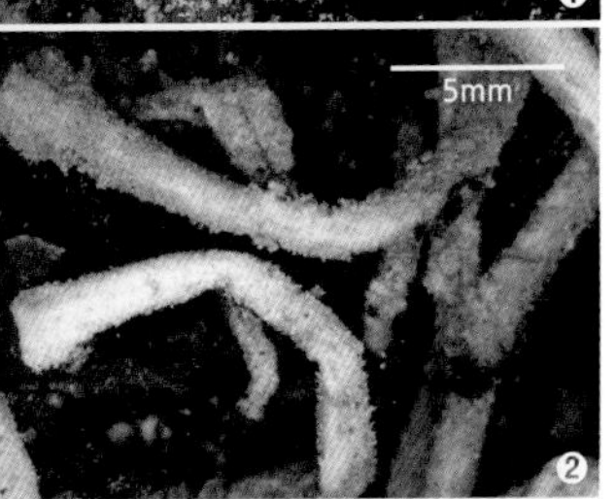

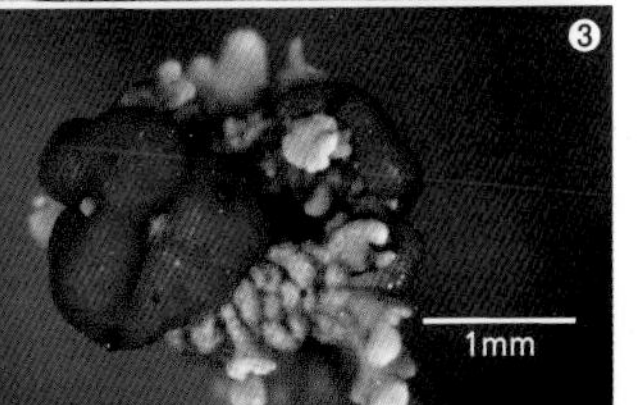

| Cladoniaceae |

꼬마붉은열매지의

Cladonia macilenta Hoffm.

생육형 생식기관 착생기물

중고산지대의 바위나 수피에 서식하는 중형 수지상지의류다. 건조 시에는 회녹색을, 젖은 상태에서는 진한 녹색을 띤다. 기본엽체는 잘 발달하며 분아가 있다. 짧은 원통형의 곤봉모양의 자병 끝에 붉은색 자낭반이 많이 보인다.

❶ 지의체의 기본엽체는 작은 편이며 잘 발달한다. 엽체의 아랫면 가장자리에 분아가 있다.

❷❸ 자병은 분지되지 않은 원통형 곤봉모양으로 짧다(2cm 이하). 표면에 가루모양의 분아가 잘 발달한다.

| Cladoniaceae |

산호붉은열매지의

Cladonia metacorallifera Asahina

생육형 생식기관 착생기물

해발 1,000~1,800m 사이 중고산지대의 바위나 토양 위에 서식하는 소형 수지상지의류로 노란회색 또는 연두색을 띤다. 기본엽체는 비늘소엽 형태로 소엽들은 위로 들렸다. 자병의 선단부는 작은 컵모양이며, 컵 가장자리를 따라 붉은색 자낭반들이 있다.

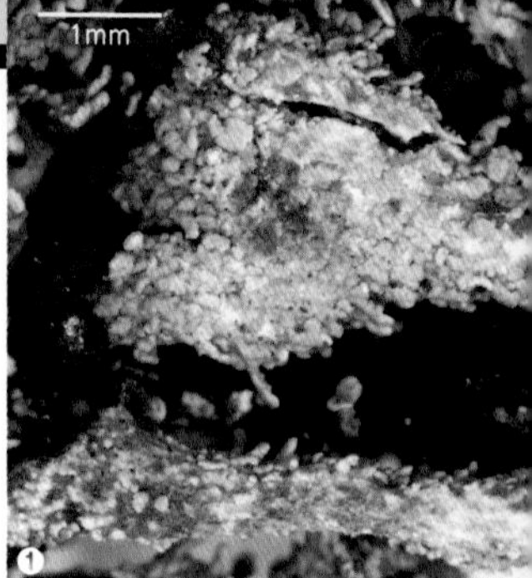

❶ 자병의 끝에 작은 컵이 연속적으로 생성된다. 컵 안팎은 분아가 아닌 비늘소엽들로 덮여 있다. 컵 가장자리에 붉은색 자낭반과 암갈색 분생자각이 있다.

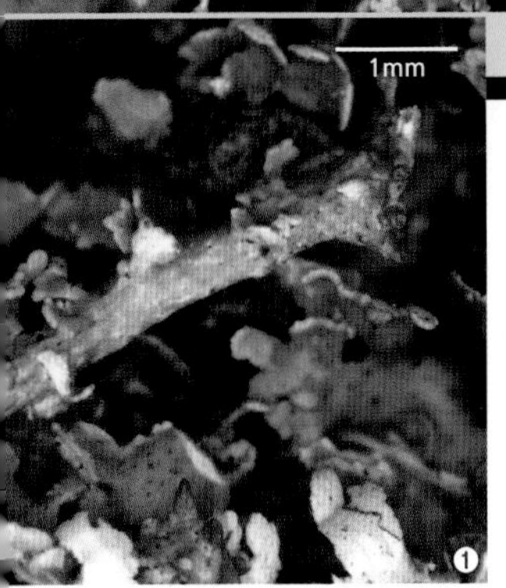

| Cladoniaceae |

연꽃사슴지의

Cladonia phyllophora Ehrh. ex Hoffm.

생육형 생식기관 착생기물

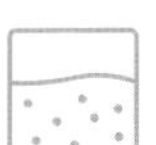

해발 1,000m 이상 중고산지대의 바위나 토양 위에 서식하는 소형 수지상지의류로 올리브녹색 또는 연두색을 띤다. 기본엽체는 자병의 기저부에 발달되고, 자병의 끝은 컵모양을 한다. 컵 가장자리에 갈색 분생자각이 발달되지만, 자낭반은 거의 볼 수 없다.

❶ 자병의 끝은 컵모양을 하며 컵이 연속적으로 생성된다. 컵 가장자리와 자병 표면에 비늘소엽이 발달되며 컵 가장자리에는 갈색 분생자각이 있다.

| Cladoniaceae |

후엽깔대기지의

Cladonia pyxidata (L.) Hoffm.

생육형 착생기물

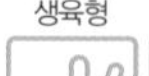

중고산지대의 바위나 토양 위에 서식하는 소형 수지상지의류다. 건조 시에는 회녹색을, 젖은 상태에서는 진한 녹색을 띤다. 기본엽체는 비늘소엽으로 되어 있으며 자병은 짧다. 자병의 끝은 컵모양으로 컵 위에 새로운 자병이 자라기도 한다.

❶ 자병은 짧고 두텁다. 자병의 끝은 컵모양이며, 컵 가장자리에 또 다른 자병이 생성하기도 한다.

❷ 자병과 컵 안팎에 둥근 비늘소엽들이 생성되며 특히 컵 안쪽에 풍부하다. 분아는 없고, 컵 가장자리에 뾰족한 짙은 갈색의 분생자각이 잘 발달된다.

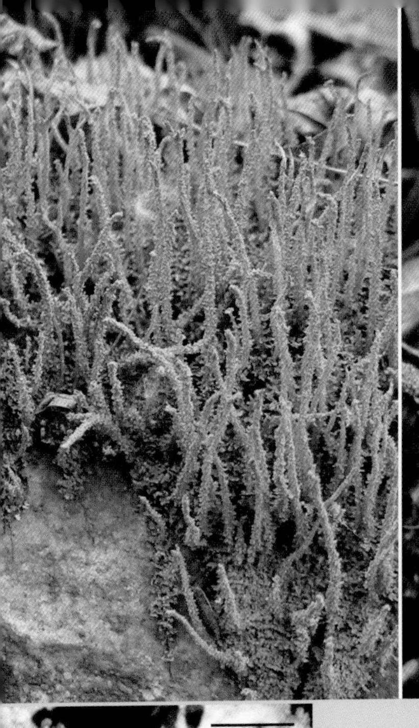

| Cladoniaceae |

작은연꽃사슴지의

Cladonia ramulosa (With.) J.R. Laundon

생육형 생식기관 착생기물

중고산지대의 바위나 토양 위에 서식하는 중형 수지상지의류다. 지의체는 황록색, 진한 녹색 또는 노란색을 띠는 연두색이다. 지의체의 기본엽체는 작고 비늘소엽이며, 끝이 들려 있다. 자병의 끝은 뾰족한 것, 컵이 있는 것, 컵 끝에 자낭반이나 분생자각이 있는 것 등 다양하다.

❶ 자병은 비늘소엽으로 덮여 있다. 자병의 끝에 짙은 갈색의 자낭반이나 분생자각이 뾰족하게 생성된다.

❷ 자병의 끝에 작은 컵이 생성된다. 컵 가장자리에 짙은 갈색의 자낭반이나 분생자각이 있다.

| Cladoniaceae |

사슴지의

Cladonia rangiferina subsp. *grisea* Ahti

생육형 착생기물

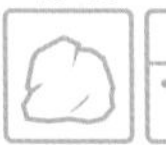

중고산지대의 바위나 토양 위에 서식하는 중대형 수지상 지의류다. 지의체는 덤불모양으로 군집을 이루어 자라며 회녹색을 띤다. 자병은 잘 분지된다.

❶ 지의체는 가늘고 작다. 자병은 2~4개가 동일한 두께로 분지되며, 속은 비어 있다. 자병의 끝에 갈색 분생자각이 있으나 자낭반은 없다.

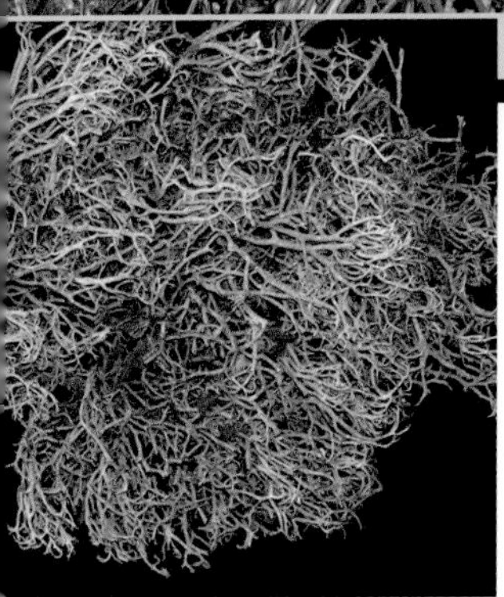

덤불사슴지의

Cladonia rangiferina subsp. *rangiferina* (L.) Weber ex F.H. Wigg.

생육형 착생기물

해발 1,000m 이상 고산지대의 이끼, 바위 및 토양 위에 넓게 퍼져 덤불모양으로 군집을 이루어 자라는 대형 수지상지의류다. 회녹색을 띠며 자병은 잘 분지된다.

❶ 자병은 진한 회색이고 물갈퀴모양으로 분지된다. 속은 비어 있다.

| Cladoniaceae |

꼬리사슴지의

Cladonia scabriuscula (Delise) Leight.

생육형 생식기관 착생기물

해발 400~1,800m 사이 저지대에서 고산지대까지 바위나 토양에 서식하는 흔한 소형 수지상지의류다. 건조 시에는 회녹색을, 젖은 상태에서는 녹색을 띤다. 기본엽체는 드물게 있거나 없으며, 자병은 두 갈래로 분지되고 끝이 뾰족하며 갈색 분생자각이 발달했다. 자낭반은 드물게 볼 수 있다.

1mm

❶

❶ 자병의 피층은 불연속적으로 발달하여 비늘소엽이 없는 중간중간에 갈색이나 흰색 균사층이 노출된다. 뾰족한 자병의 끝에 알갱이 형태의 분아나 갈색 분생자각이 발달된다.

| Cladoniaceae |

좁쌀비늘꽃지의

Cladonia squamosa (Scop.) Hoffm.

생육형　생식기관　착생기물

해발 400~1,800m 사이 저지대에서 고산지대의 바위나 토양에 서식하는 흔한 소형 수지상지의류다. 지의체는 갈녹색이나 탁한 녹색을 띤다. 기본엽체는 작고 드물게 발달하며 자병은 여러 갈래로 분지되어 끝이 뾰족하거나 작은 원통형 컵모양을 한다. 자병의 끝에 갈색 자낭반이 있다.

❶ 자병의 피층은 불연속적으로 발달하여 흰색 균사층이 노출된다. 자병의 끝은 작은 원통형 컵모양을 하거나 뾰족하고, 선단부에 갈색 자낭반이 발달한다.

| Cladoniaceae |

넓은잎사슴지의

Cladonia turgida Ehrh. ex Hoffm.

생육형 착생기물

중고산지대의 바위나 토양 위에 서식하는 소형 수지상지의류로 지의체는 녹색 또는 올리브녹색을 띤다. 지의체의 기본엽체는 크고 넓게 잘 발달한다. 자병은 두 갈래나 여러 갈래로 분지되며, 끝이 뾰족한 것, 컵모양을 하고 있는 것, 컵 끝에 갈색 분생자각이 있는 것 등 다양하다.

1mm

❶ 자병은 두 갈래나 여러 갈래로 분지되며, 끝이 뾰족하거나 컵모양을 한다. 컵 끝에 갈색 분생자각이 발달된다.

| Cladoniaceae |

갓지의

Pilophorus clavatus Th. Fr.

생육형 생식기관 착생기물

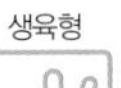

한라산이나 지리산과 같이 해발 1,000m 이상 고산지대의 바위에 부착하여 생장하는 수지상지의류로 길이가 1cm 이하인 초소형이다. 성냥개비모양의 가자기병 선단부에 검은색 자낭반을 형성하는 것이 특징이다. 건조 시에는 회갈색을, 젖은 상태에서는 진한 녹색을 띤다.

❶ 지의체의 가자기병은 2~5mm로 아주 작다. 가자기병의 끝에 검은색 자낭반이 있으며 성냥개비나 곤봉모양이다.

| Coccocarpiaceae |

매화기와지의

Coccocarpia erythroxyli (Spreng.) Swinscow & Krog

생육형 생식기관 착생기물

저지대부터 고산지역에 이르기까지 나무나 바위의 이끼에 착생하여 자라는 중형 엽상지의류다. 진한 회색을 띤다.

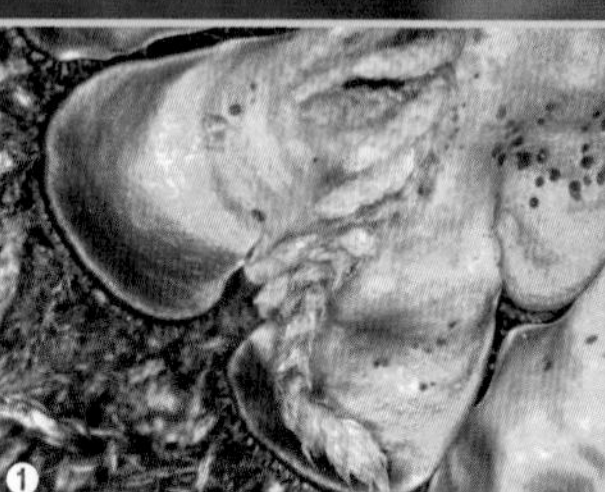

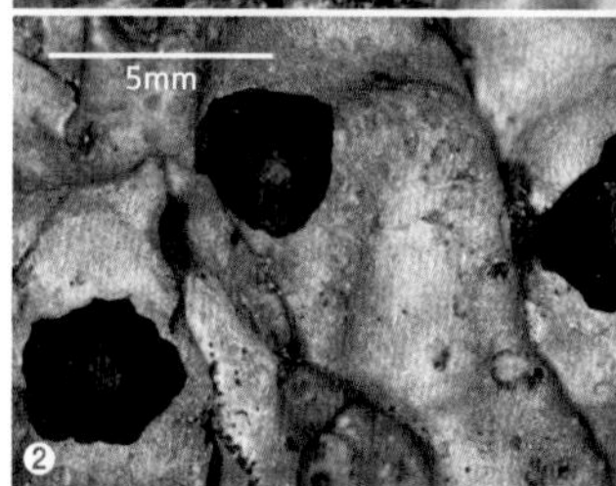

❶ 지의체의 열편은 기왓장을 겹쳐 놓은 듯이 퍼져 자란다. 엽체의 선단은 둥글고 매끈하며 동심원 모양을 한다.

❷ 지의체 앞면에는 검은색 공모양의 자낭반과 연한 갈색의 부정형 분생자각이 있다.

❸ 지의체의 아랫면에는 잘 발달한 검은색 가근이 동심원 모양으로 띠를 이루어 배열한다.

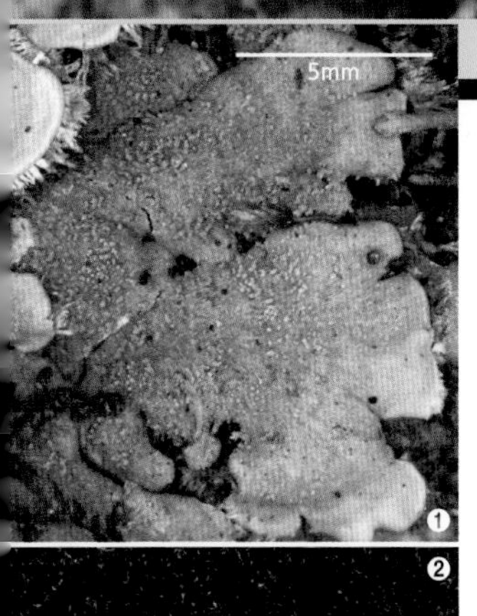

| Coccocarpiaceae |

기와지의

Coccocarpia palmicola (Spreng.) Arv. & D.J. Galloway

생육형 생식기관 착생기물

저지대부터 고산지역에 이르기까지 나무나 바위의 이끼에 착생하여 자라는 중형 엽상지의류다. 진한 회색을 띤다.

❶ 지의체의 윗면에는 원통모양의 열아가 잘 발달된다.

❷ 지의체의 아랫면에는 가근이 동심원 모양으로 밀집한다.

| Lecanoraceae |

연녹주황접시지의

Lecanora muralis (Schreb.) Rabenh.

생육형 생식기관 착생기물

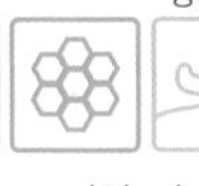
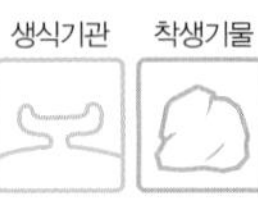

해발 500m 이하 저지대, 특히 바닷가 바위나 돌에 단단하게 밀착하여 생장하는 부정형의 소형 가상-엽상체 지의류로 아이보리녹색을 띤다. 지의체는 방사형으로 생장하는데, 가운데 부분은 가상이고 가장자리 부분은 소엽이 있는 형태다. 가운데 소엽은 아레올레이고 끝부분은 평평하다. 연한 분홍색 또는 주황색의 자낭반이 윗면 전체에 고루 퍼져 발달한다. 자낭반의 가장자리는 불규칙한 톱니모양이다. 자기반은 평평하다가 성숙하면 볼록해진다.

| Lecanoraceae |

노란갯접시지의

Lecanora oreinoides (Körb.) Hertel & Rambold

생육형 생식기관 착생기물

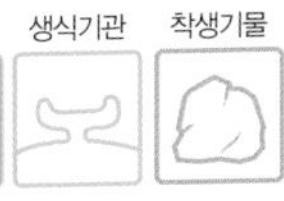

해발 500m 이하 저지대, 특히 바닷가 바위에 서식하는 가상지의류로 크림색 또는 노란색을 띤다. 타일조각처럼 생장하는 아레올레 형태로 각 아레올레의 크기는 0.2~1mm이다. 하생균실은 거무스름한 색을 띠며, 자낭반이 많다.

| Mycoblastaceae |

혈흔지의

Mycoblastus sanguinarius (L.) Norman

생육형 생식기관

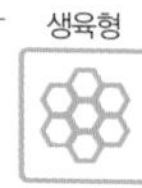

해발 1,200m 이상 고산지대의 수피에 주로 서식하는 가상지의류로 회녹색을 띤다. 지의체는 두껍고, 사마귀꼴의 돌기나 파피레 사마귀꼴의 돌기로 덮여 연속성 생장형이거나 균열이 있다. 하생균실을 볼 수 있으며, 검은 회색을 띤다. 자낭반이 많이 보이며 지름이 0.3~1.2mm이고, 지의체에 직접 부착하여 자란다. 지의체가 오래되었거나 손상되면 붉은색이 노출된다. 자낭반은 검은색으로 볼록하고, 속은 붉은색을 띤다.

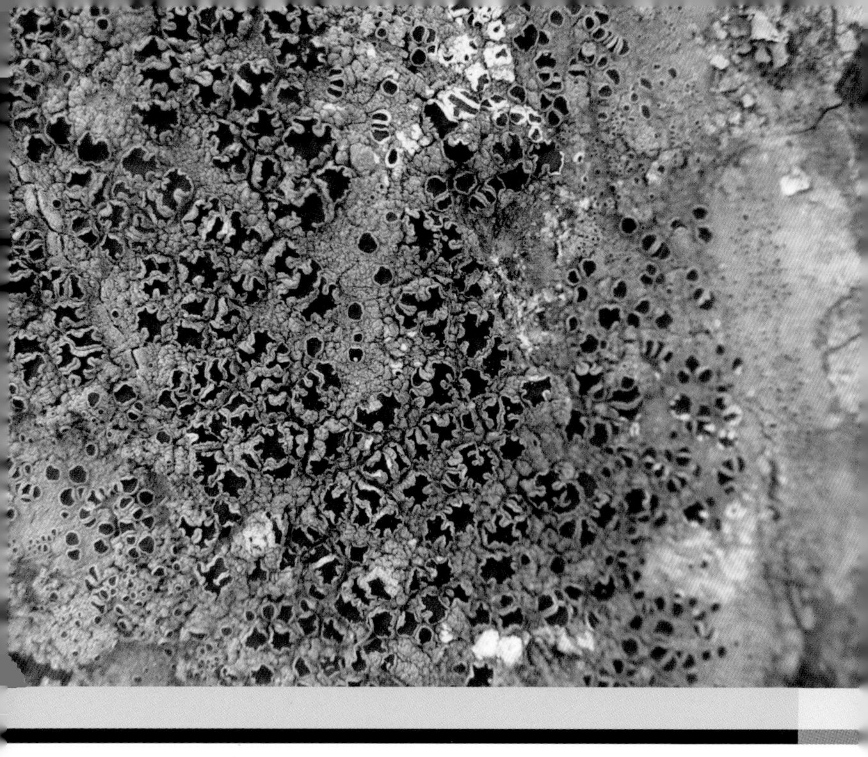

| M y c o b l a s t a c e a e |

검은눈지의

Tephromela atra (Huds.) Hafellner

생육형 생식기관 착생기물

해발 100m 저지대에서 1,600m 고산지대까지 다양한 고도의 바위 또는 수피에서 자라는 가상지의류로 회백색이나 회녹색을 띤다. 지의체는 두꺼운 편이고 무사마귀꼴의 돌기가 많다. 각이 진 타일조각처럼 생장하는 아레올레 형태와 연속성 생장형을 보인다. 아레올레는 또한 불규칙하게 갈라진 금이 있는 리모스 형태의 생장 형태를 보이며, 대부분 군집을 이룬다. 하생균실은 검은색이다. 자낭반은 검은색으로 지름이 1~2.5mm이고, 지의체에 함몰되거나 직접 부착하여 자란다. 자기반은 평면이거나 오목하다. 자낭반의 가장자리는 뚜렷하고, 부풀어 있다가 성숙하면 굴곡이 생긴다. 분생자각도 볼 수 있다.

| Parmeliaceae |

유사개발바닥지의

Anzia colpota Vain.

생육형 생식기관 착생기물

해발 500m 이상 산림지대의 바위나 수피에 착생하여 자라는 원형의 중소형 엽상지의류다. 건조 시에는 회녹색을, 젖은 상태에서는 연한 녹색을 띤다. 엽체는 손가락처럼 둥글게 부푼다. 아랫면에는 스폰지모양의 해면상조직이 매트처럼 발달하여 강아지 발바닥모양을 한다.

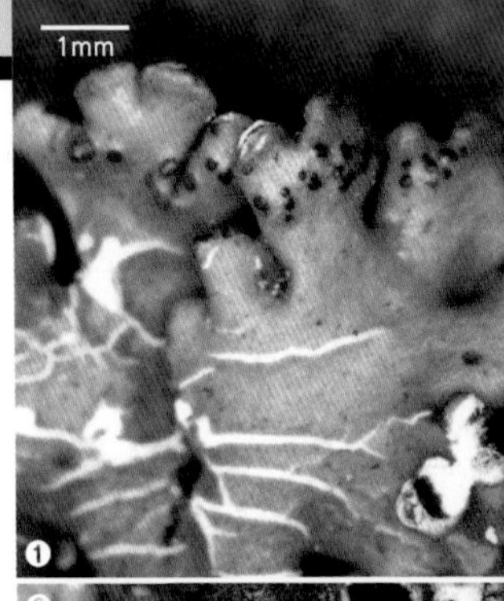

❶ 엽체는 볼록한 손가락처럼 분지되며, 엽체의 선단부에는 검은색 반점모양으로 분생자각이 있다.

❷ 지의체의 아랫면에는 검은색 스폰지모양의 해면상조직이 연속적으로 발달하며 피층과 분리되지 않는다.

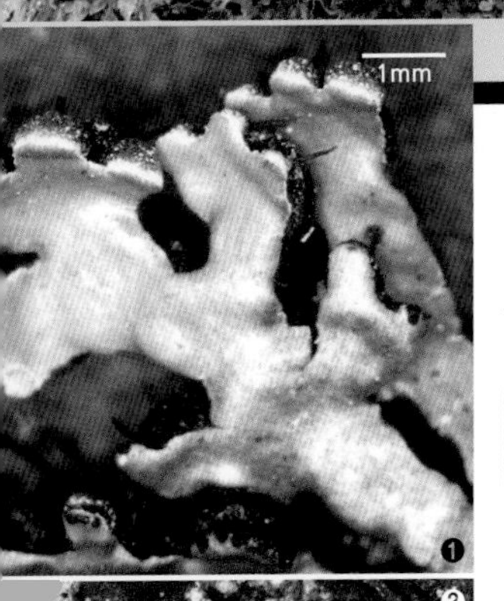

| Parmeliaceae |

개발바닥지의

Anzia opuntiella Müll. Arg.

생육형 생식기관

해발 500m 이상 산림지대의 바위나 수피에 착생하여 자라는 원형의 중소형 엽상지의류다. 건조 시에는 회녹색을, 젖은 상태에서는 연한 녹색을 띤다. 엽체는 손가락처럼 둥글게 부푼다. 아랫면에는 스폰지모양의 해면상조직이 불연속적으로 발달한다.

❶ 엽체는 볼록한 손가락처럼 분지되며 가장자리에 흰색 결정체가 있는 경우도 있다. 엽체의 끝은 위를 향해 살짝 들린다.

❷ 아랫면에는 검은색 스폰지모양의 해면상조직이 불연속적으로 발달한다. 해면상조직들 사이로 검은색 가근이 보인다.

| Parmeliaceae |

알갱이눈썹지의

Canoparmelia texana (Tuck.) Elix & Hale

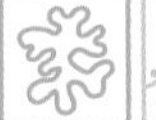

저지대부터 해발 1,400m 고산지대까지 수피에 착생하여 자라는 원형의 중형 엽상지의류다. 건조 시에는 회녹색을, 젖은 상태에서는 녹색을 띤다. 지의체 표면에 혹모양의 분아가 잘 발달한다.

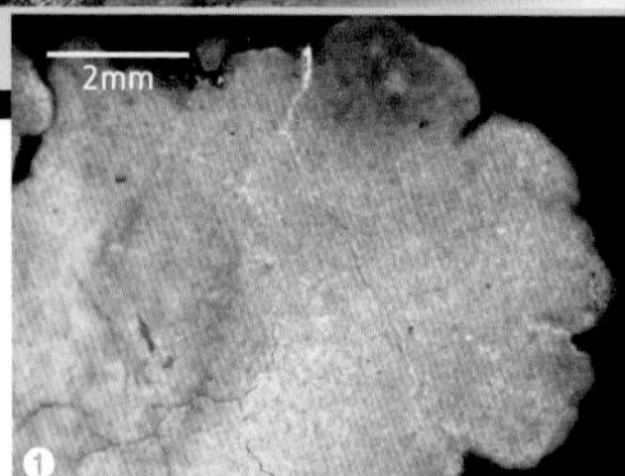

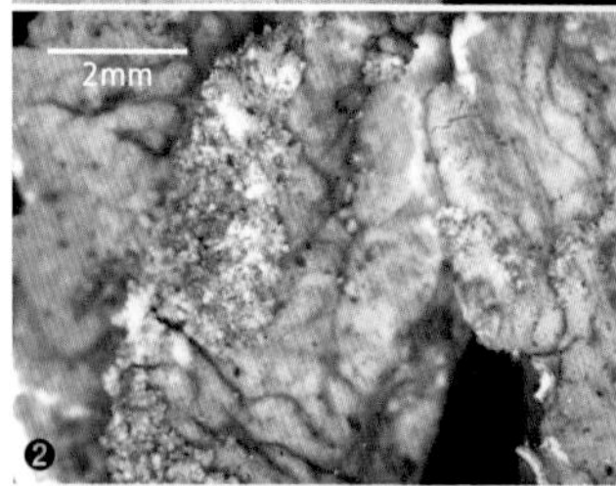

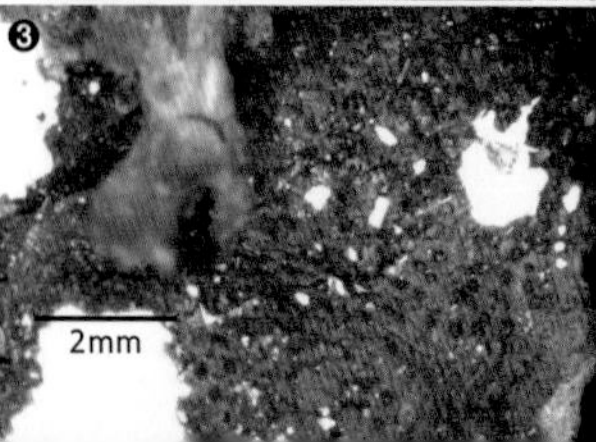

❶ 지의체의 윗면 가장자리는 매끈하고 회녹색이다. 둥근 모양이며 뚜렷한 분지를 하지 않는다.

❷ 지의체 윗면의 중심부로 갈수록 표면이 주름진다. 엽체 전체에 혹모양의 분아가 잘 발달한다.

❸ 지의체 아랫면은 진한 갈색이며 주름져 있다. 짧은 일자형 가근이 드문드문 발달한다.

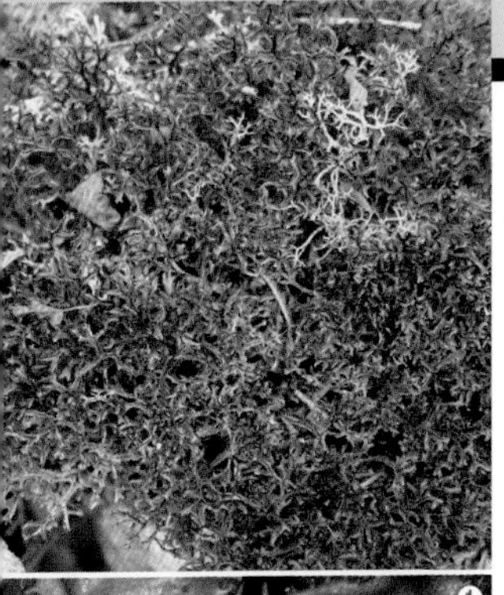

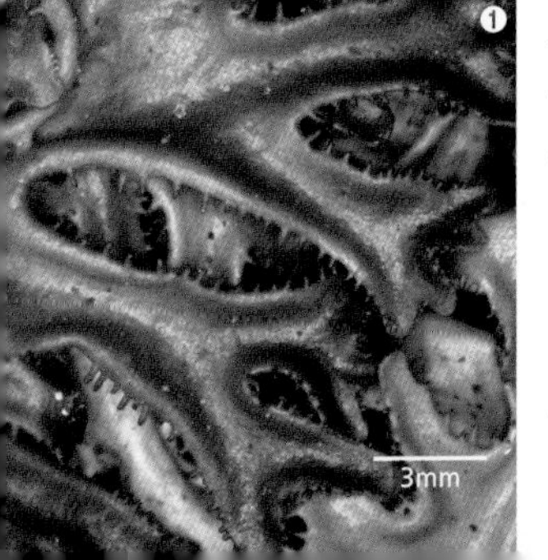

영불지의

Cetraria islandica (L.) Ach.

생육형 착생기물

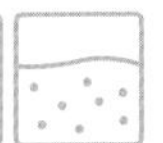

해발 1,500m 이상의 고산 암반지대 및 토양에 자라는 중대형 엽상지의류다. 건조 시에는 갈색을, 젖은 상태에서는 녹색을 띤다. 이끼나 토양 위에서 수직방향으로 자라는 엽체들은 뭉쳐 있어서 마치 하나의 공모양으로 망태 모습처럼 보인다. 엽체는 부채살모양으로 잘 분지되며, 가장자리는 말려 올라가 중심부를 따라 둥근 골모양을 한다.

❶ 엽체의 양옆이 말려 올라가 골을 형성한다. 지의체의 끝은 사슴뿔모양으로 분지되어 자란다. 가장자리를 따라 가시모양의 부속지들이 잘 발달한다.

| Parmeliaceae |

돌기조개지의

Cetrelia braunsiana (Müll. Arg.) W.L. Culb. & C.F. Culb.

생육형 생식기관 착생기물

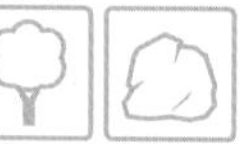

중고산지대의 수피나 바위에 자라는 중대형 엽상지의류다. 건조 시에는 갈색을, 젖은 상태에서는 회녹색을 띤다. 엽체 표면에 걸쳐 흰색 의배점이 고루 퍼지며 열아가 있는 것이 특징이다.

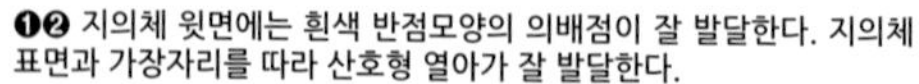

❶❷ 지의체 윗면에는 흰색 반점모양의 의배점이 잘 발달한다. 지의체 표면과 가장자리를 따라 산호형 열아가 잘 발달한다.

❸ 지의체 아랫면은 심하게 주름진다. 가장자리는 진한 갈색을 띠며 중심부로 갈수록 검은색을 나타낸다. 약 1mm 내외의 검은색의 분지형 가근이 자란다.

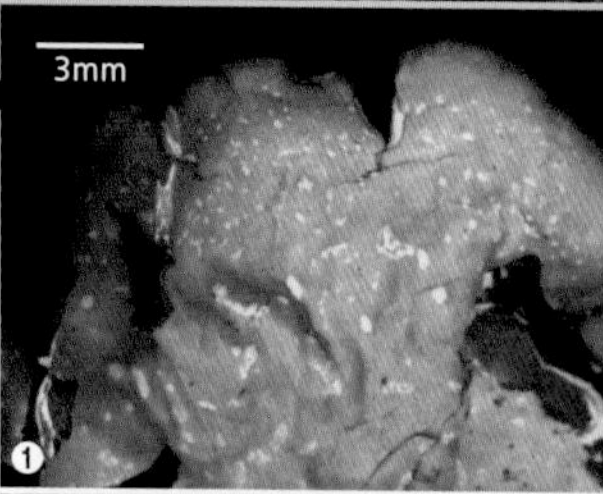

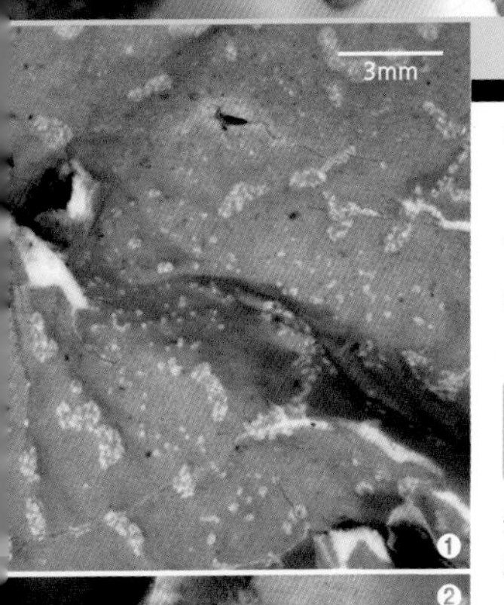

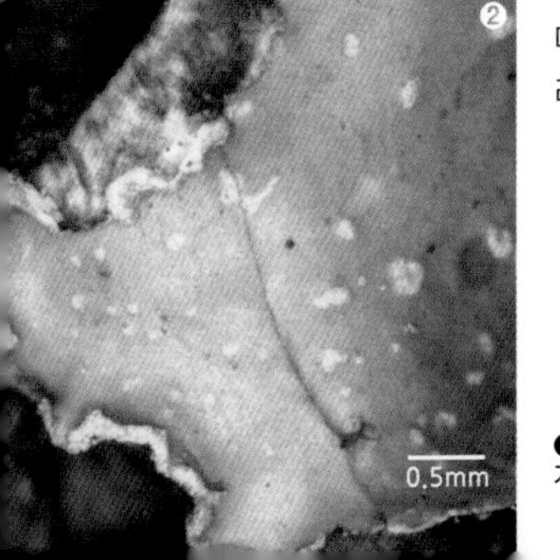

| Parmeliaceae |

과립조개지의

Cetrelia chicitae (W.L. Culb.) W.L. Culb. & C.F. Culb.

생육형 생식기관 착생기물

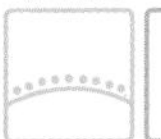

중고산지대의 수피에 착생하여 자라는 중대형 엽상지의류다. 건조 시에는 갈색을, 젖은 상태에서는 회녹색을 띤다. 엽체 표면에 걸쳐 흰색 의배점이 고루 퍼지며 가장자리를 따라 분아가 있는 것이 특징이다.

❶❷ 지의체 윗면에는 흰색 반점모양의 의배점이 잘 발달한다. 지의체 가장자리를 따라 분아가 잘 발달한다.

| Parmeliaceae |

나플나플조개지의

Cetrelia japonica (Zahlbr.) W.L. Culb. & C.F. Culb.

생육형 생식기관 착생기물

중고산지대의 수피나 바위에 자라는 대형 엽상지의류다. 건조 시에는 회녹색을, 젖은 상태에서는 녹색을 띤다. 엽체 표면에 걸쳐 흰색 의배점이 고루 퍼지며 가장자리를 따라 납작한 소열편이 있는 것이 특징이다.

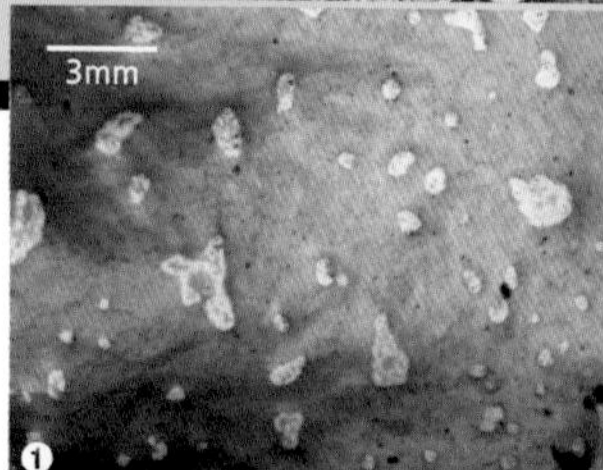

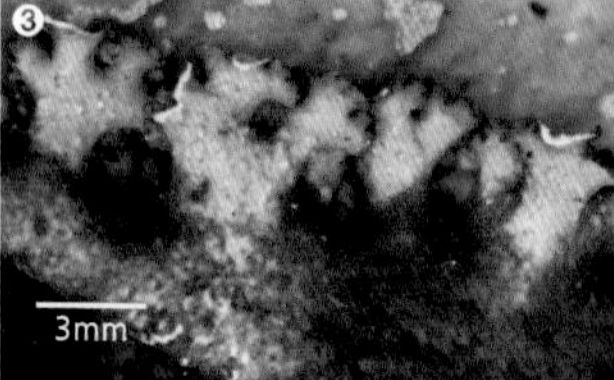

❶❷ 지의체 윗면에는 흰색 반점모양의 의배점이 잘 발달한다. 지의체 가장자리를 따라 납작한 소열편이 있으며 선단부에 분생자각이 잘 발달한다.

❸ 지의체의 아랫면 가장자리는 갈색을 띠며 의배점이 발달했다. 중심부로 갈수록 검은색을 띠고 일자형의 검은색 가근이 발달한다.

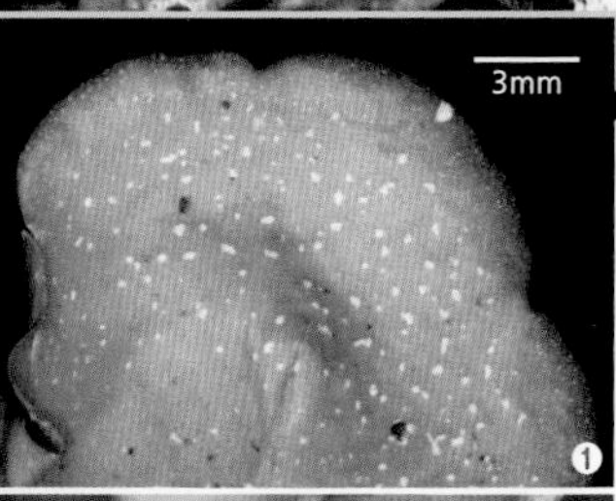

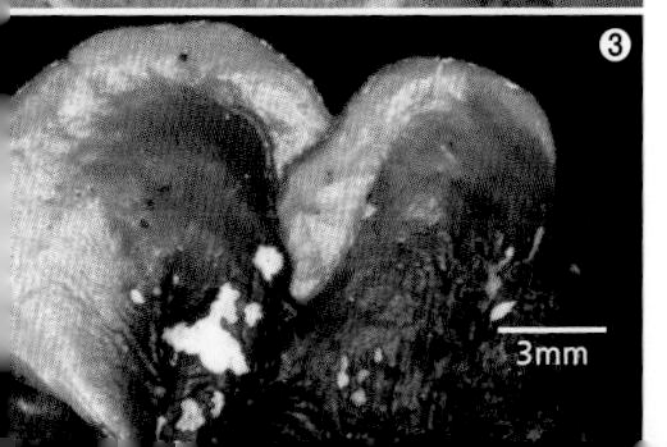

| Parmeliaceae |

유사적염과립조개지의

Cetrelia pseudolivetorum (Asahina) W.L. Culb. & C.F. Culb.

생육형 생식기관 착생기물

중고산지대의 수피나 바위에 자라는 대형 엽상지의류다. 건조 시에는 회녹색을, 젖은 상태에서는 녹색을 띤다. 엽체 표면에 걸쳐 흰색 의배점이 고루 퍼진다. 엽체 표면이나 가장자리를 따라 원통형 모양의 소열편이 있는 것이 특징이다.

❶❷ 지의체 윗면에는 작은 점모양의 의배점이 잘 발달한다. 엽체의 가장자리는 둥글며 원통형의 소열편이 발달했다.

❸ 지의체의 아랫면 가장자리는 가근이 없이 매끄럽고 갈색을 띤다. 중심부로 갈수록 주름이 발달하고 검은색을 띠며 일자형 검은색 가근이 있다.

| Parmeliaceae |

전복지의

Cetreliopsis asahinae (M. Satô) Randlane & A. Thell

생육형 생식기관 착생기물

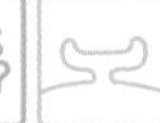

해발 1,200m이상 고산지대의 수목에 착생하여 자라는 중대형 엽상지의류다. 건조 시에는 연한 녹색을, 젖은 상태에서는 진한 녹색을 띤다. 엽체는 두껍고 주름지며 흰색 의배점이 표면에 산재한다. 자낭반이 많이 보이고 햇빛이 많이 드는 수간 상부에 주로 착생하여 자란다.

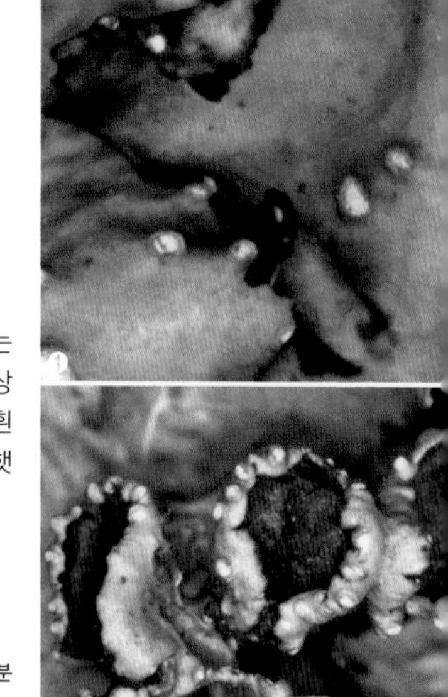

❶ 지의체 윗면에는 흰색 의배점이 산재한다. 가장자리로는 검은색 분생자각이 있다.

❷ 자낭반은 지의체 끝에 쏟아 난 듯이 자라며 갈색이다. 자낭반의 가장자리를 따라 의배점이 있다.

| Parmeliaceae |

골다발지의

Everniastrum cirrhatum (Fr.) Hale ex Sipman

생육형 착생기물

주로 고산지대에서 자란다. 잘 분지된 가는 엽체가 덩어리를 이루어 나뭇가지를 감싸며 자라는 회녹색의 중형 엽상지의류다.

❶❷ 엽체는 양끝이 말려 윗면은 볼록하게 부풀어 있다. 아랫면은 골모양이며, 두 갈래로 분지 생장한다. 엽체의 가장자리를 따라 검은색 긴 세모가 잘 발달하며, 아랫면은 검은색으로 가근이 없다.

| Parmeliaceae |

노란매화나무지의

Flavoparmelia caperata (L.) Hale

생육형 생식기관 착생기물

중고산지대에 서식하는 원형의 중형 엽상지의류다. 전체적으로 연한 노란색을 띤다. 다른 매화나무지의류들과 쉽게 구별되며, 사찰과 같이 햇빛이 잘 드는 수피에 부착하여 서식한다.

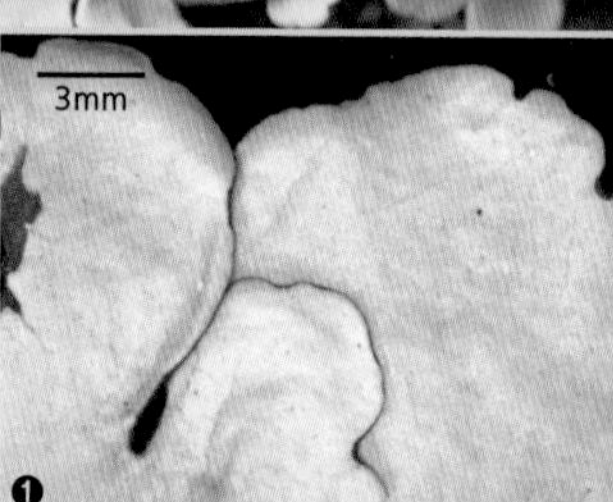

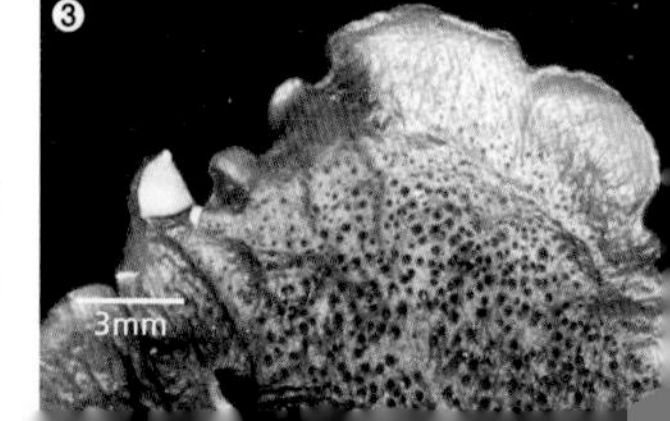

❶❷ 지의체의 끝은 둥글며, 중심부를 중심으로 분아덩어리들이 잘 발달한다.

❸ 아랫면의 선단부는 갈색으로 가근이 없이 매끄럽다. 안쪽에는 검은색 가근이 잘 발달한다.

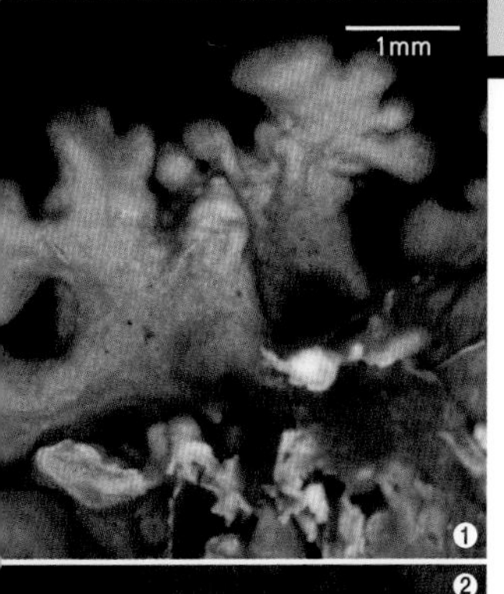

②

1mm

| Parmeliaceae |

돌기주머니지의

Hypogymnia occidentalis L.H. Pike

생육형 생식기관 착생기물

고산지대에서 자라는 구상나무나 전나무의 기둥이나 가지에 부착하여 자라는 소형 엽상지의류로 회녹색을 띤다. 소엽은 손가락모양 또는 원통형으로 속은 비어 있다. 분아는 없고, 소엽의 측면에 소열편이 있다.

❶ 소엽 측면에 작고 둥근 모양의 소열편이 있다.

❷ 소엽의 아랫면 정단부에 종종 구멍이 있으며 속이 비어 있다. 검은 갈색 또는 검은색을 띠며, 가근이 없이 표면은 매끄럽고 심하게 주름져 있다.

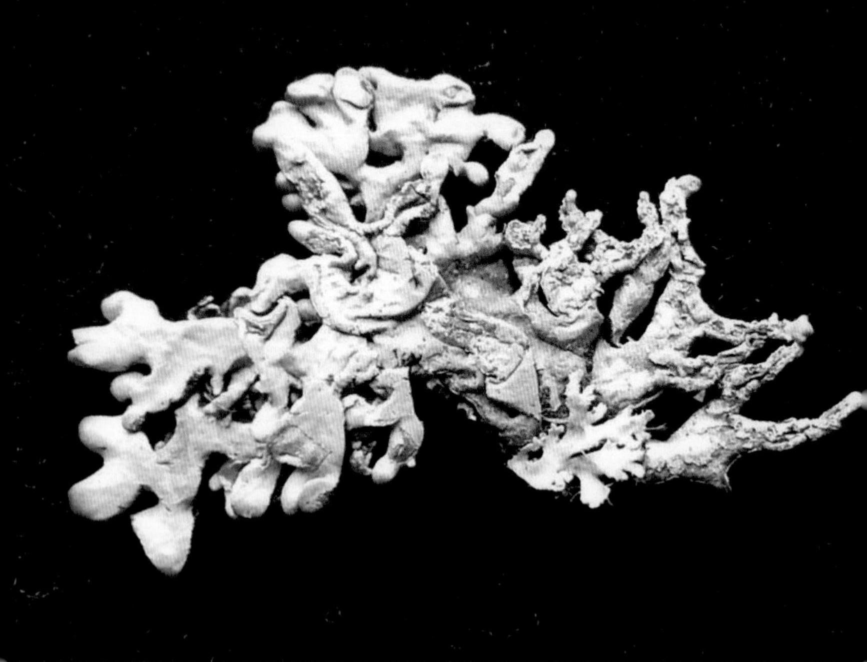

| P a r m e l i a c e a e |

주머니지의

Hypogymnia pseudophysodes (Asahina) Rass.

생육형 생식기관 착생기물

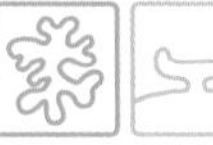

고산지대에서 자라는 구상나무나 전나무의 기둥이나 가지에 부착하여 자라는 소형 엽상지의류로 회녹색을 띤다. 외국에서는 대형 지의체로 자라지만 국내에서는 지름이 5cm 미만으로 자란다.

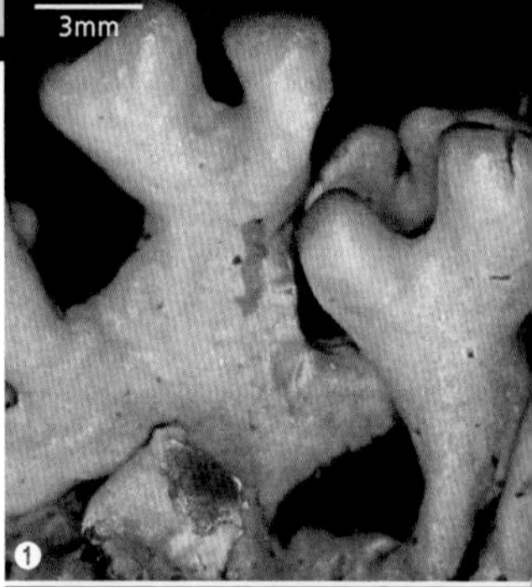

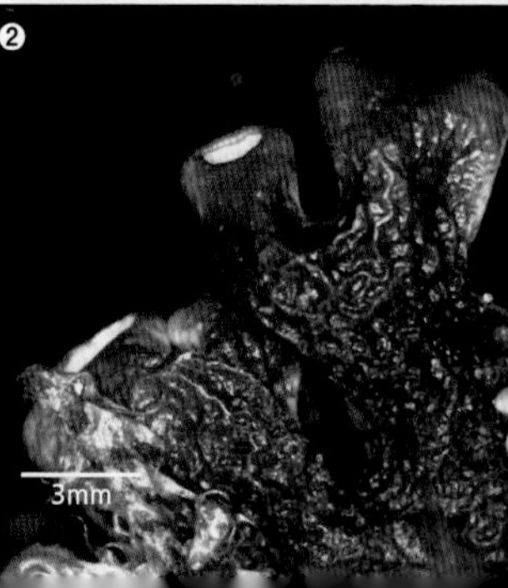

❶ 각각의 엽체 내부는 비어 있으며 전체적으로 부푼 손가락모양을 한다. 윗면이 볼록하며 표면은 심하게 주름진다. 자낭반은 거의 없고, 있다면 지의체 끝에 넓은 접시모양으로 있다.

❷ 아랫면은 검은 갈색 또는 검은색을 띤다. 가근이 없이 표면은 매끄럽고 심하게 주름져 있다.

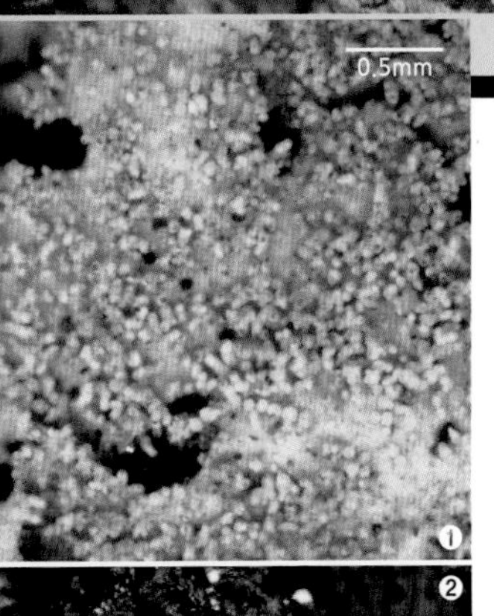

| Parmeliaceae |

돌기쌍분지지의

Hypotrachyna nodakensis (Asahina) Hale

생육형 생식기관 착생기물

중고산지대의 참나무 기둥에 부착하여 자라는 회녹색을 띠는 중형 엽상지의류다. 엽체의 가장자리가 별사탕모양처럼 자란다.

❶ 지의체의 윗면에 산호 형태로 분지된 열아가 중앙부를 중심으로 잘 발달한다.

❷ 아랫면은 검은색을 띠며 검은색 가근이 있다. 가근의 끝이 Y자 모양으로 이분지 되는 것이 특징이다.

| Parmeliaceae |

쌍분지지의

Hypotrachyna osseoalba (Vain.) Y.S. Park & Hale

생육형 생식기관 착생기물

중고산지대의 수피나 바위에 부착하여 자라는 중형 엽상 지의류로 연한 황록색을 띤다. 소엽들이 얽혀 있고 분아가 지의체 표면에 고루 잘 발달한다.

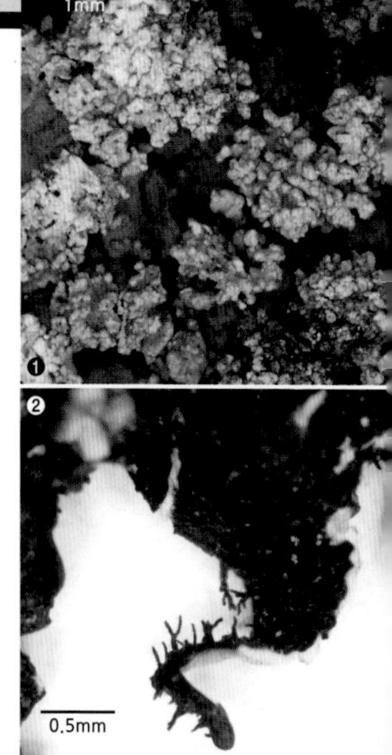

❶ 지의체의 윗면에는 산호 형태로 분지된 분아가 잘 발달한다.

❷ 지의체의 아랫면은 검은색을 띠며 검은색 가근이 있다. 가근의 끝은 Y자 모양으로 이분지 된다.

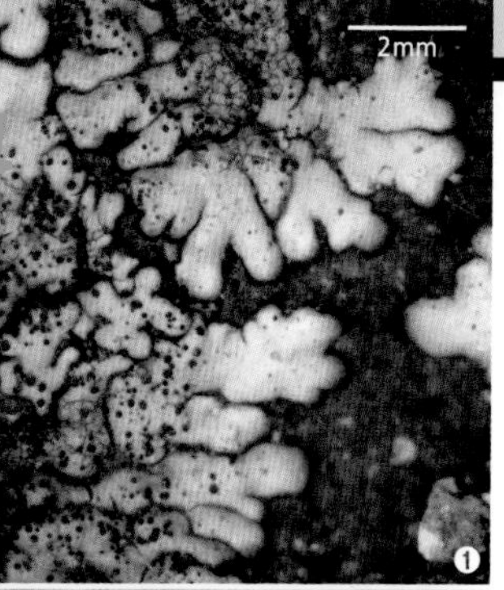

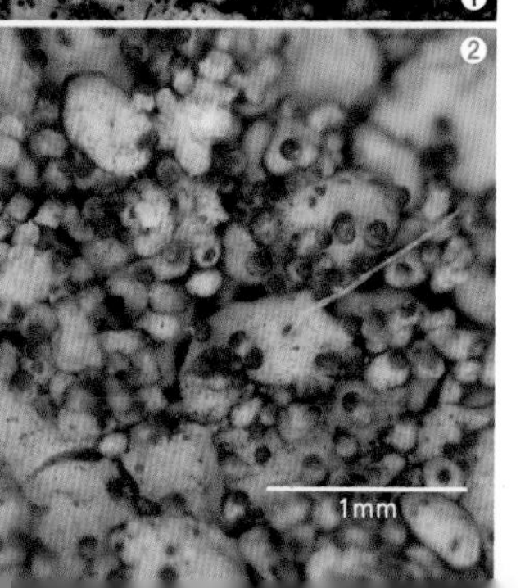

| Parmeliaceae |

갯바위국화잎지의

Karoowia saxeti (Stizenb.) Hale

생육형 생식기관 착생기물

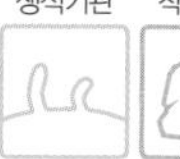

바닷가 바위에 밀착하여 자라는 원형의 소형 엽상지의류로 밝은 녹색을 띤다.

❶❷ 지의체는 방사형으로 생장하며, 중심부를 중심으로 끝이 검은색 또는 갈색인 열아가 잘 발달한다.

| Parmeliaceae |

올리브지의

Melanohalea olivacea (L.) O. Blanco, A. Crespo, Divakar, Essl., D. Hawksw. & Lumbsch
Syn) *Melanelia olivacea* (L.) Essl.

생육형 생식기관 착생기물

해발 1,000m 이상 중고산지대의 수피에 주로 서식하는 남조류 공생 중소형 엽상지의류로 올리브색 또는 갈색을 띤다. 수피나 가지에 단단히 밀착하며 지의체 표면에 주름이 많다. 간혹 의배점이 있고 진한 갈색의 자낭반이 많이 보인다.

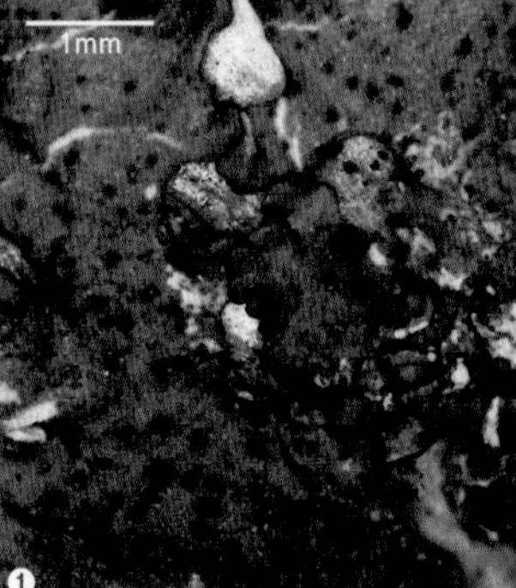

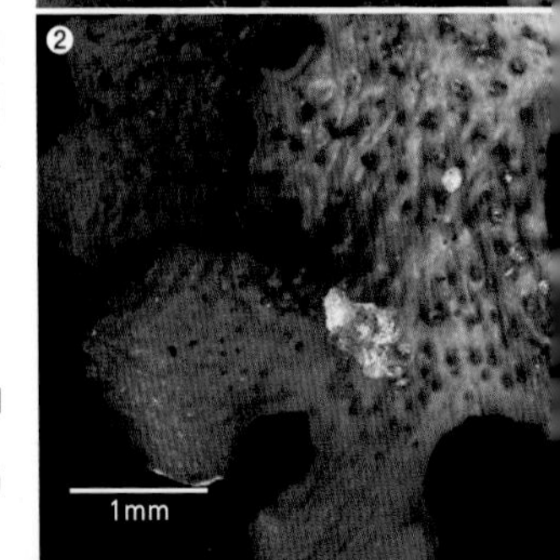

❶ 자낭반은 오목하고 진한 갈색이다. 분생자각은 검은색으로 엽체에 함몰되어 있다.

❷ 아랫면은 갈색 또는 검은색을 띠고, 단순한 형태의 검은색 가근이 발달한다.

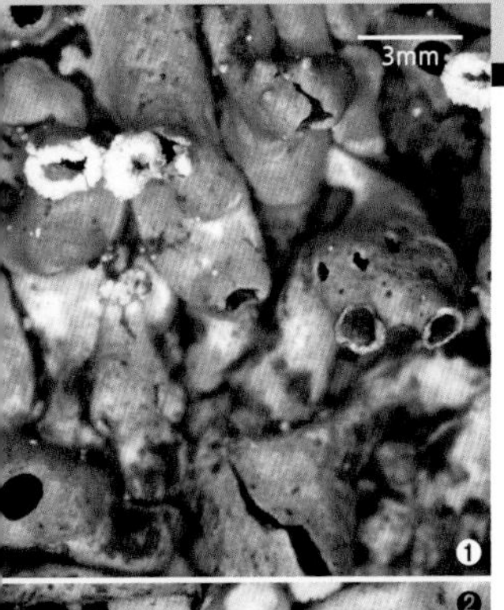

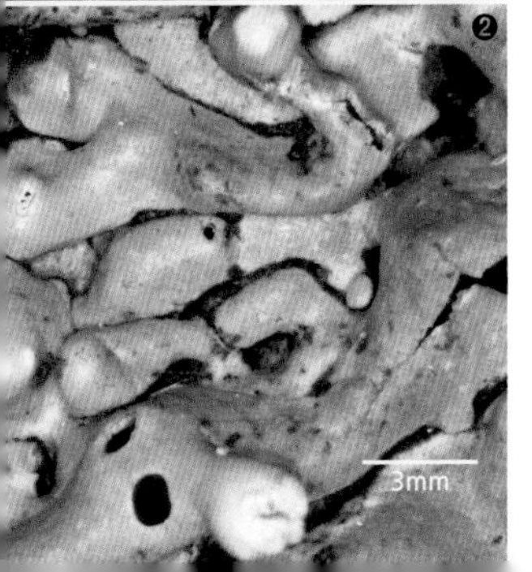

| Parmeliaceae |

분말대롱지의

Menegazzia nipponica K.H. Moon, Kurok. & Kashiw.

생육형 생식기관 착생기물

해발 1,000m 이상 산림지역의 바위나 수피에 주로 부착하여 생장하는 중형 엽상지의류로 진한 회녹색을 띤다. 엽체는 손가락모양으로 부풀어 있으며, 지의체 군데군데 구멍이 나 있다.

❶❷ 지의체의 윗면에 구멍이 뚫려 있고, 지의체는 속이 비어 있다. 말미잘처럼 지의체의 일부가 구멍 위로 솟아 있으며 끝부분에 분아덩어리를 형성한다.

| Parmeliaceae |

천공지의

Menegazzia terebrata (Hoffm.) A. Massal.

생육형 생식기관 착생기물

해발 1,000m 이상 산림지역의 바위나 수피에 주로 부착하여 생장하는 중형 엽상지의류로 진한 회녹색을 띤다. 엽체는 손가락모양으로 부풀어 있으며, 지의체 군데군데 구멍이 나 있다.

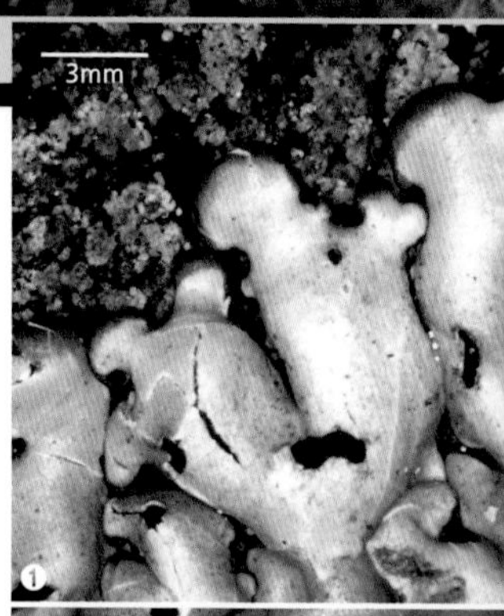

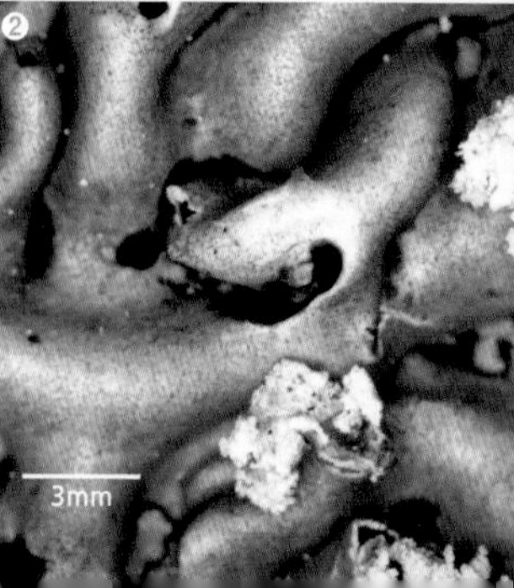

❶❷ 외형적으로 분말대롱지의(*M. nipponica*)와 매우 유사하지만 분아덩어리를 엽체의 구멍 선단부가 아닌 엽체의 표면에 형성한다는 것이 다르다.

| Parmeliaceae |

분말노란속매화나무지의

Myelochroa aurulenta (Tuck.) Elix & Hale

생육형	생식기관	착생기물
	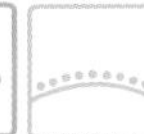	

중고산지대의 참나무 기둥에 주로 서식하는 중대형 엽상지의류로 연녹색을 띤다. 지의체 표면에 작은 혹이나 알갱이모양의 분아덩어리를 형성하는 것이 특징이다. 상피층을 벗기면 노란색 수층이 보인다.

| Parmeliaceae |

너덜너덜노란속매화나무지의

Myelochroa entotheiochroa (Hue) Elix & Hale

생육형 생식기관 착생기물

중고산지대의 참나무 수피에 주로 서식하는 중대형 엽상 지의류로 회녹색을 띤다. 지의체 표면은 심하게 주름지며 작은 혹들이 산재한다. 대형 자낭반이 있고 소엽들이 겹쳐서 자라는 것이 특징이다. 상피층을 벗기면 노란색의 수층이 보인다.

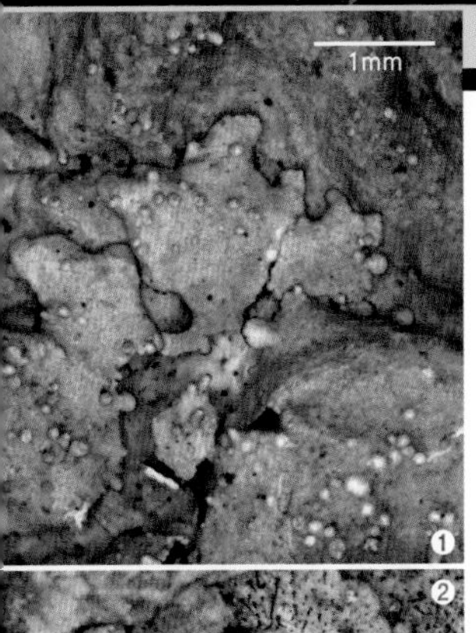

알갱이노란속매화나무지의

Myelochroa indica (Hale) Elix & Hale

생육형 생식기관 착생기물

중고산지대의 수피에 주로 서식하는 중대형 엽상지의류로 회녹색을 띤다. 지의체는 비교적 큰 편이며 윗면의 중심부위나 오래된 부위가 심하게 주름져 있다. 열아가 있고 자낭반은 볼 수 없다.

❶ 열아는 단순한 원통형으로 간혹 소열편 형태 또는 분지된 것도 있다. 수층은 한국산 노란속매화나무지의(*Myelochroa*)속 중 유일하게 흰색이다.

❷ 아랫면은 검은색을, 가장자리는 갈색을 띤다. 단순형의 검은색 가근이 잘 발달한다.

| Parmeliaceae |

노란속매화나무지의

Myelochroa irrugans (Nyl.) Elix & Hale

생육형 생식기관 착생기물

중고산지대의 참나무 수피에 주로 서식하는 중대형 엽상지의류로 회녹색을 띤다. 나무표면에 밀착하며 표면은 매끄럽다. 소열편, 작은 혹 및 주름이 거의 보이지 않지만, 자낭반은 많이 존재한다. 상피층을 벗기면 노란색 수층이 보인다.

| Parmeliaceae |

음지노란속매화나무지의

Myelochroa leucotyliza (Nyl.) Elix & Hale

생육형 착생기물

중고산지대의 참나무 수피에 주로 서식하는 중대형 엽상 지의류로 갈색 또는 회녹색을 띤다. 표면에는 열아나 분아는 없지만 작은 혹들이 많은 존재하며 자낭반은 거의 보이지 않는다. 상피층을 벗기면 연한 노란색 수층이 보인다.

| Parmeliaceae |

노란속큰전복지의

Nephromopsis ornata (Müll. Arg.) Hue

생육형 생식기관 착생기물

해발 1,000m 이상 고산지대에 서식하며, 빛을 좋아하여 노출이 잘 되는 높은 나뭇가지에 착생하여 자라는 중형 엽상지의류다. 연녹색 또는 회녹색을 띠며 두꺼운 엽체 표면이나 가장자리를 따라 검은색 원통형의 분생자각이 매우 잘 발달된다.

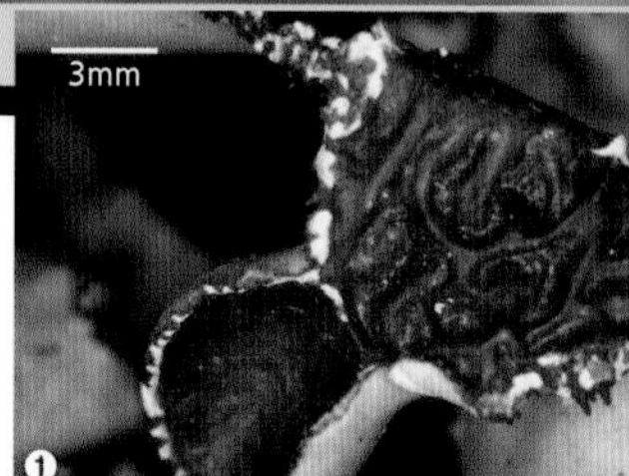

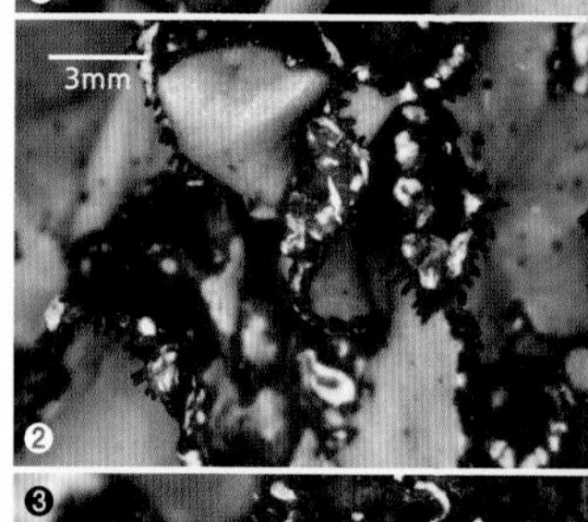

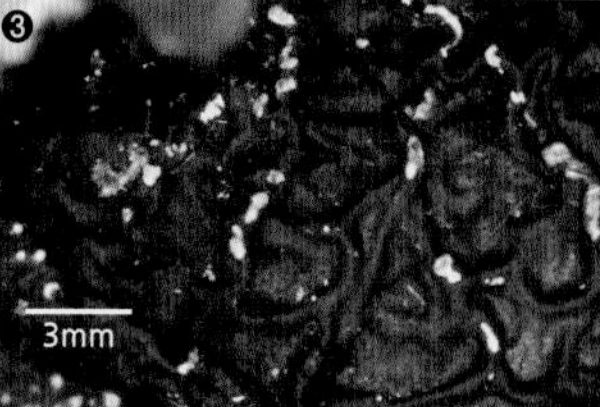

❶ 진한 갈색의 자낭반은 손톱모양으로 지의체 아랫면에 말려서 생성된다.

❷ 검은색 분생자각은 주로 지의체의 가장자리를 따라 원통형으로 생성된다.

❸ 지의체의 아랫면에는 의배점이 존재하고, 심하게 주름지며 진한 적갈색을 띤다.

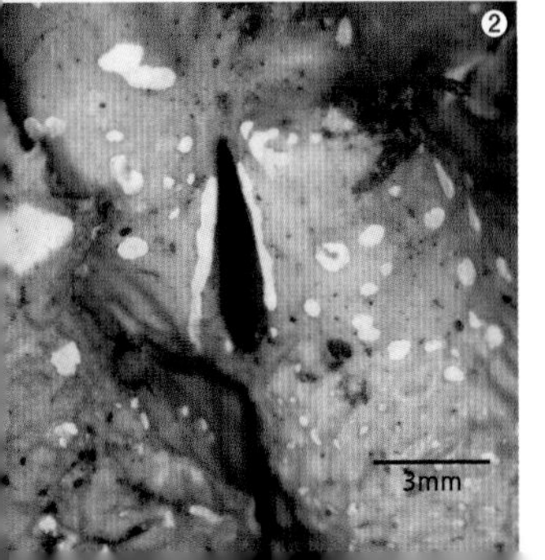

| Parmeliaceae |

레몬큰전복지의

Nephromopsis pallescens (Schaer.) Y.S. Park

생육형 생식기관 착생기물

해발 1,000m 이상의 고산지대에 서식하며, 빛을 좋아하여 노출이 잘 되는 높은 나뭇가지에 착생하여 자라는 중형 엽상지의류다. 연녹색 또는 회녹색을 띠며 두껍고 주름진 엽체 표면에서 자낭반들을 많이 볼 수 있다.

❶ 자낭반은 작고, 지의체 윗면에 잘 발달된다.

❷ 지의체 아랫면에는 흰색 반점모양의 의배점이 있다.

| Parmeliaceae |

후막당초무늬지의

Parmelia adaugescens Nyl.

생육형 착생기물

중고산지대의 참나무 수피에 부착하여 자라는 중대형 엽상지의류로 밝은 회색을 띤다. 지의체 표면에 흰색 의배점들이 잘 발달한다.

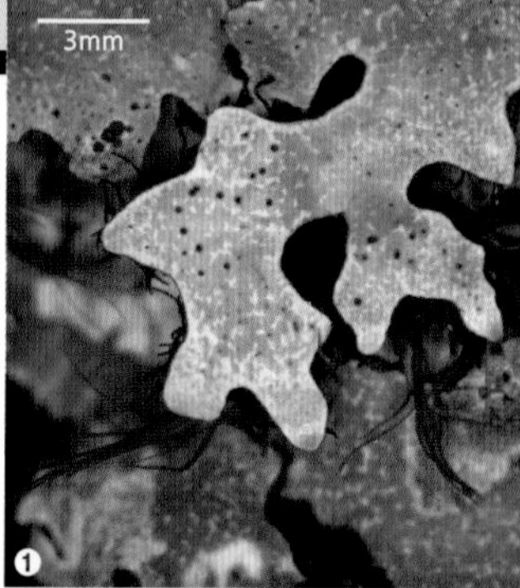

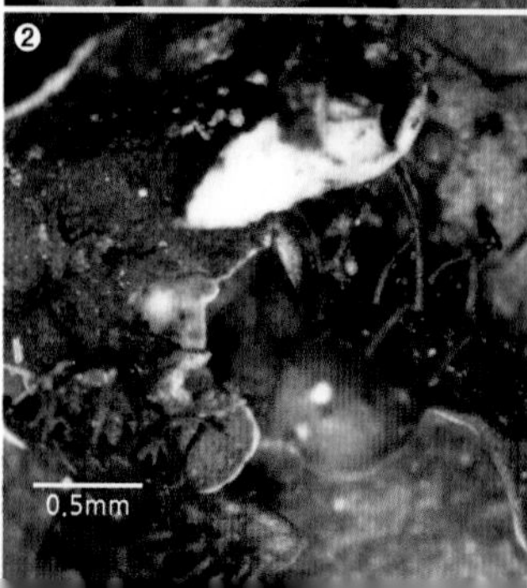

❶ 지의체의 윗면 전체에 걸쳐 주로 선형의 의배점이 잘 발달한다.

❷ 지의체의 아랫면은 검은색이고 가장자리는 밝은 적갈색을 띤다. 검은색 가근은 일자형이거나 두 갈래로 분지된다.

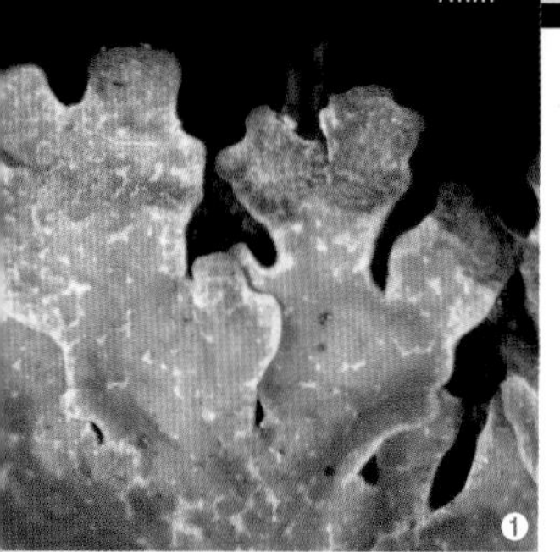

| Parmeliaceae |

주걱소잎당초무늬지의

Parmelia fertilis Müll. Arg.

생육형 생식기관 착생기물

중고산지대의 참나무 수피에 부착하여 자라는 중대형 엽상지의류로 밝은 회색을 띤다. 지의체 표면에는 흰색 의배점들이 잘 발달한다.

▶ 외형적으로 후막당초무늬지의(*P. adaugescens*)와 매우 유사하지만 가근이 일자형이 아닌 불규칙하게 분지된 세척솔모양이라는 점이 다르다.

❶ 지의체의 윗면 전체나 가장자리를 따라 주로 선형의 의배점이 잘 발달한다.

| Parmeliaceae |

나플나플당초무늬지의

Parmelia laevior Nyl.
Syn) *Nipponoparmelia laevior* (Nyl.) K.H. Moon, Y. Ohmura & Kashiw.

생육형 생식기관 착생기물

중고산지대의 참나무 수피에 부착하여 자라는 중형 엽상 지의류로 밝은 회색을 띤다. 지의체의 끝은 말려 올라가며, 흰색의 원형 의배점들이 엽체의 가장자리를 따라 잘 발달한다.

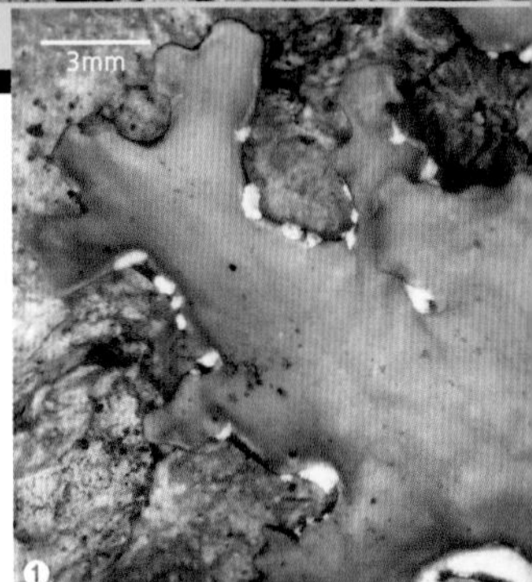

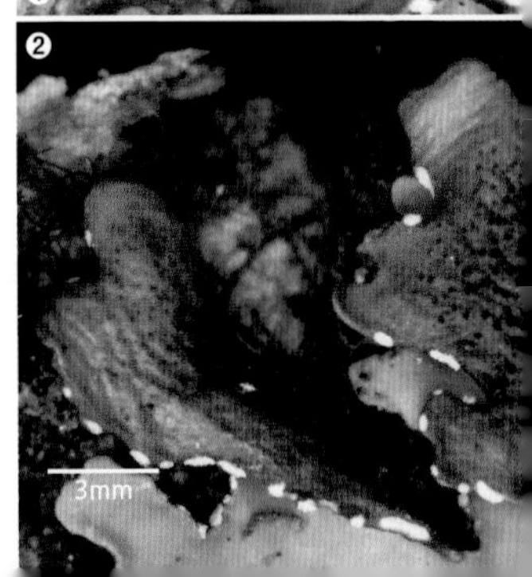

❶ 지의체 윗면의 양쪽 가장자리는 말려 있다. 흰색을 띠는 원형 의배점이 지의체의 가장자리를 따라 잘 발달한다.

❷ 아랫면은 갈색이며, 일자형의 검은색 가근을 볼 수 있다.

| Parmeliaceae |

유사하얀줄당초무늬지의

Parmelia marmariza Nyl.

생육형 생식기관 착생기물

중고산지대의 나무의 수피에 느슨하게 착생하는 중형 엽상지의류로 녹색이나 백회색을 띤다. 소엽은 짧고 둥글고 불규칙적으로 분지되어 끝이 위로 들린다. 윗면에는 의배점과 둥근 소열편이 잘 발달된다. 자낭반과 분생자각을 많이 볼 수 있다.

❶ 지의체 윗면에 둥근 소열편과 부정형의 의배점이 잘 발달된다.

❷ 자낭반의 가장자리는 주름지고 의배점이 잘 발달되어 있다. 윗면에는 검은색을 띤 반점 형태의 분생자각이 골고루 퍼져 있다.

| Parmeliaceae |

하얀줄당초무늬지의

Parmelia marmorophylla Kurok.

생육형 생식기관 착생기물

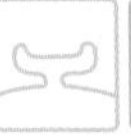

중고산지대의 수피에 느슨하게 착생하는 대형 엽상지의류로 녹색이나 백회색을 띤다. 소엽은 짧고 가장자리에 검은색 띠를 형성한다. 윗면에는 의배점이 잘 발달한다. 자낭반을 흔히 볼 수 있다.

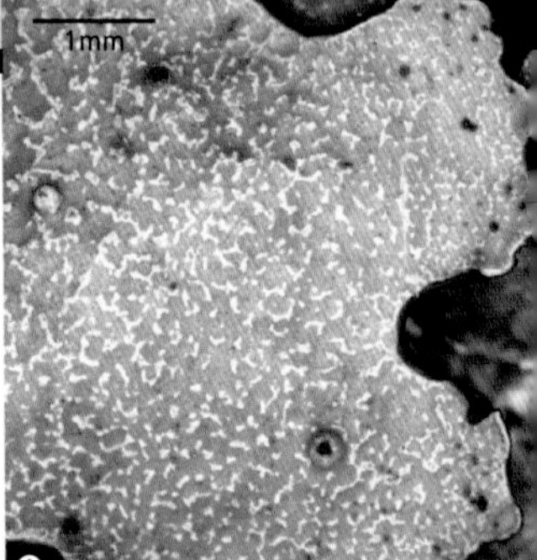

❶ 지의체의 윗면 전체에 걸쳐 의배점이 잘 발달하며, 서로 얽혀서 흰색 선모양을 이룬다.

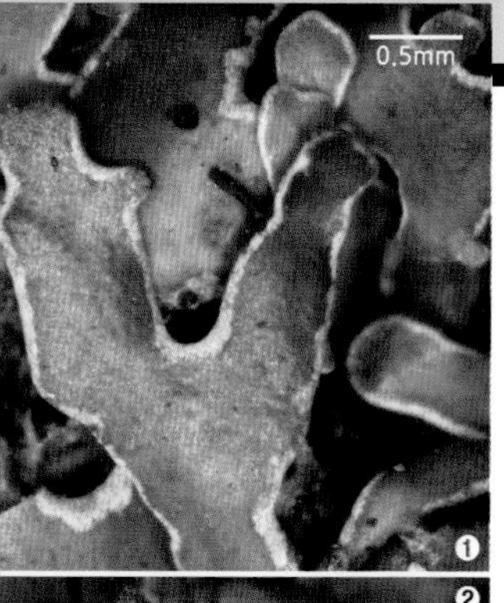

| Parmeliaceae |

시나노당초무늬지의

Parmelia shinanoana Zahlbr.

생육형 생식기관 착생기물

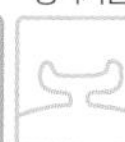

중고산지대의 그늘진 바위에 착생하여 자라는 중형 엽상 지의류로 밝은 회색을 띤다. 엽체의 가장자리를 따라 선형의 의배점이 잘 발달한다.

❶ 엽체는 가늘고 길다. 의배점은 지의체 가장자리를 따라 선형으로 발달한다.

❷ 지의체의 아랫면은 적갈색을 띠며, 일자형 가근이 있다.

| Parmeliaceae |

굵은하얀줄당초무늬지의

Parmelia subdivaricata Asahina

생육형 생식기관 착생기물

중고산지대의 수피나 바위에 느슨하게 착생하는 중형 엽상지의류로 녹색이나 백회색을 띤다. 소엽은 두 갈래나 손바닥처럼 가늘게 분지되고, 윗면에는 의배점이 잘 발달된다. 자낭반을 흔히 볼 수 있다.

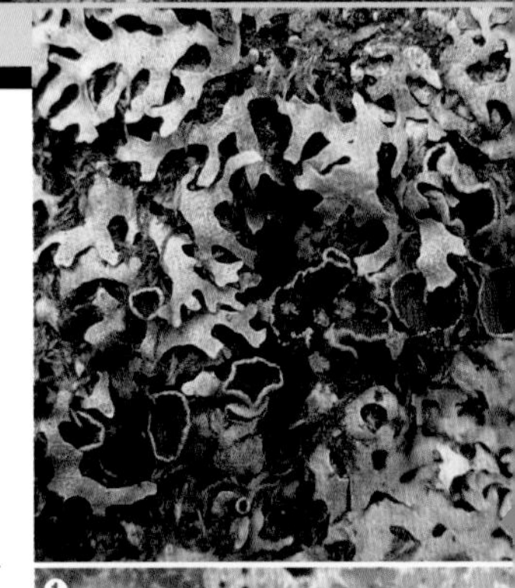

❶ 지의체 윗면 전체에 걸쳐 의배점이 잘 발달되며, 서로 얽혀 흰색 선 모양을 이룬다.

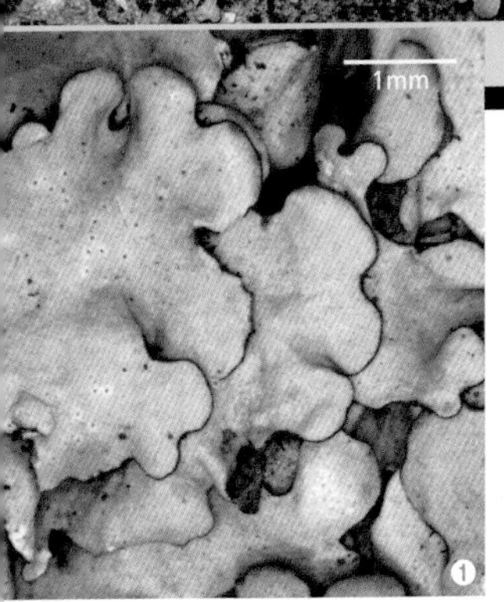

| Parmeliaceae |

접시매화나무지의

Parmelina quercina (Willd.) Hale

생육형 생식기관 착생기물

중고산지대의 수피나 바위에 느슨하게 착생하는 소형 엽상지의류로 연한 녹회색 또는 백회색을 띤다. 쉽게 찾아보기 어려운 종이다. 소엽은 서로 겹쳐 불규칙적으로 분지되고, 윗면에 매큐라가 많다. 세모와 자낭반도 많다.

❶ 소엽의 가장자리로 검은색 세모가 짧게 발달한다.

| Parmeliaceae |

돌기작은잎매화나무지의

Parmelinopsis minarum (Vain.) Elix & Hale

생육형 생식기관 착생기물

해발 1,000m 이하 고도의 수피나 바위에 착생하는 소형 엽상지의류로 연한 녹회색이나 백회색을 띤다. 소엽은 가늘고 길며 불규칙적으로 분지되어 별모양을 한다. 세모와 열아가 있다.

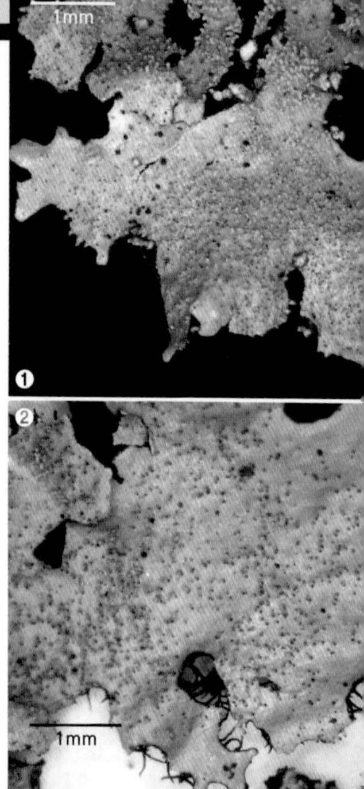

❶ 지의체 윗면 전체에 걸쳐 원통형의 열아가 잘 발달된다. 열아의 끝은 밝은 갈색을 띤다.

❷ 소엽의 가장자리를 따라 검은색 세모가 짧게 발달한다.

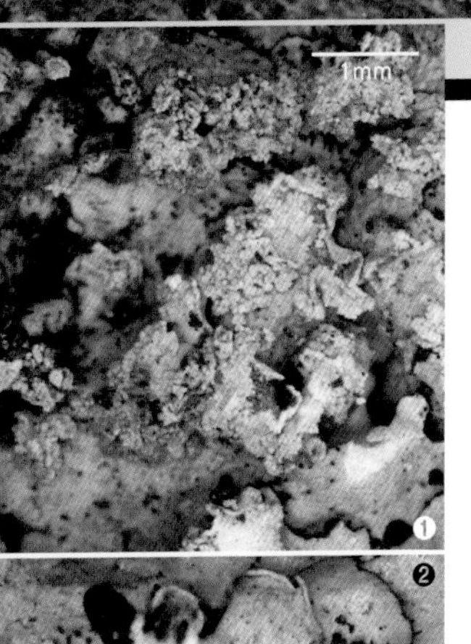

| Parmeliaceae |

가루작은잎매화나무지의

Parmelinopsis subfatiscens (Kurok.) Elix & Hale

생육형 생식기관 착생기물

해발 1,000m 이하의 수피나 바위에 착생하는 소형 엽상 지의류로 연한 녹회색을 띤다. 소엽은 가늘고 길며 두 갈래로 분지한다. 세모와 분아가 있다.

1mm

❶ 지의체의 윗면에 거칠거칠한 분아가 덩어리 형태로 발달한다.
❷ 소엽의 가장자리를 따라 검은색 세모가 짧게 발달한다.

| Parmeliaceae |

분말테매화나무지의

Parmotrema austrosinense (Zahlbr.) Hale

생육형 생식기관 착생기물

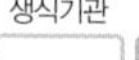

저지대 해안이나 사찰 주변에 사는 소나무나 벚나무에 주로 착생하여 자라는 중대형 엽상지의류로 회녹색을 띤다. 느슨하게 중심부분만 부착해 있으며, 엽체의 선단은 둥글며 치맛자락처럼 주름진다. 가장자리를 따라 분아가 잘 발달한다.

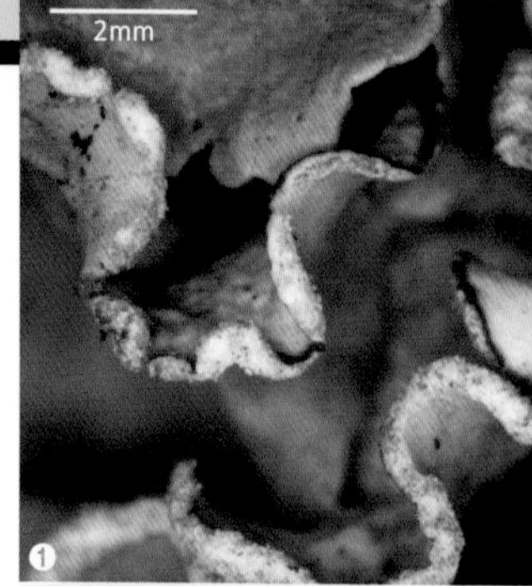

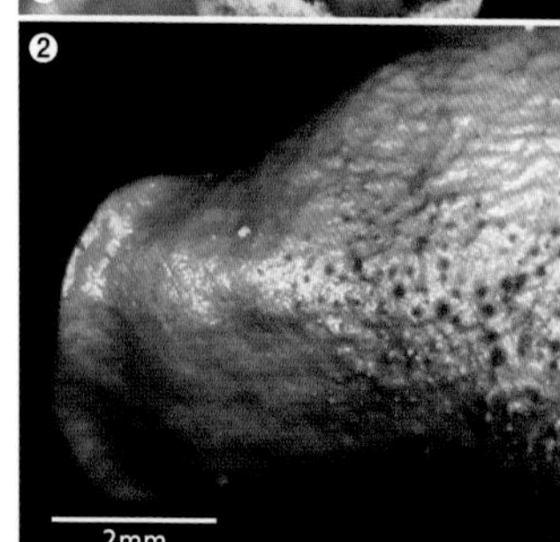

❶ 지의체의 윗면은 매끄럽고 광택이 있다. 선단은 둥글고 치맛자락처럼 주름지며, 가장자리를 따라 둥글둥글한 분아덩어리가 잘 발달한다.

❷ 지의체의 아랫면 선단부는 광택이 있는 갈색이다. 비교적 넓게 가근이 없이 매끄럽다. 안쪽에는 일자형의 짧은 검은색 가근이 듬성듬성 발달한다.

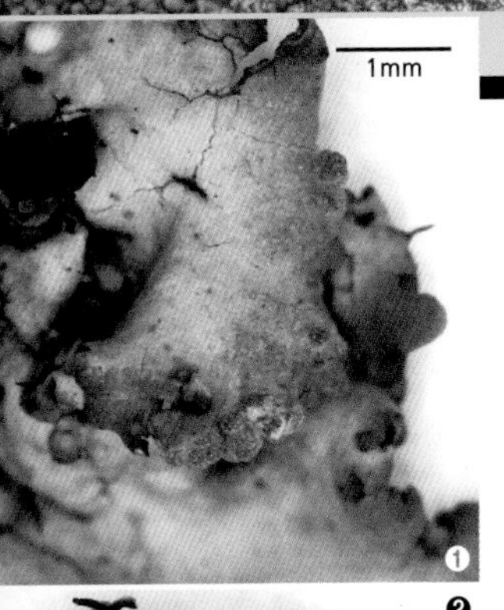

❷

| Parmeliaceae |

바위매화나무지의

Parmotrema grayanum (Hue) Hale

생육형 생식기관 착생기물

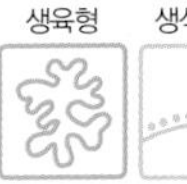 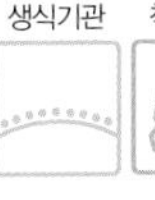 

저지대 바위에 주로 착생하여 자라는 중형 엽상지의류로 회백색을 띤다. 비교적 느슨하게 기물에 부착하여 생장한다. 소엽은 둥글고 크게 잘 발달되며 끝이 들려 있고 가장자리를 따라 검은색의 세모와 분아가 잘 발달한다. 자낭반은 볼 수 없고, 분생자각은 산재한다.

❶ 지의체의 가장자리를 따라 원형의 분아가 알갱이모양으로 잘 발달한다.

❷ 지의체의 가장자리를 따라 검은색 세모가 일자형이나 분지되어 발달한다.

| Parmeliaceae |

민매화나무지의

Parmotrema margaritatum (Hue) Hale

생육형 착생기물

저지대에 사는 소나무 수피나 바위에 주로 착생하여 자라는 중형 엽상지의류로 회색을 띤다. 비교적 느슨하게 기물에 부착되어 생장한다. 소엽은 둥글고 대형이며 끝이 들려 있고 가장자리를 따라 세모가 발달한다. 자낭반과 분생자각은 볼 수 없다.

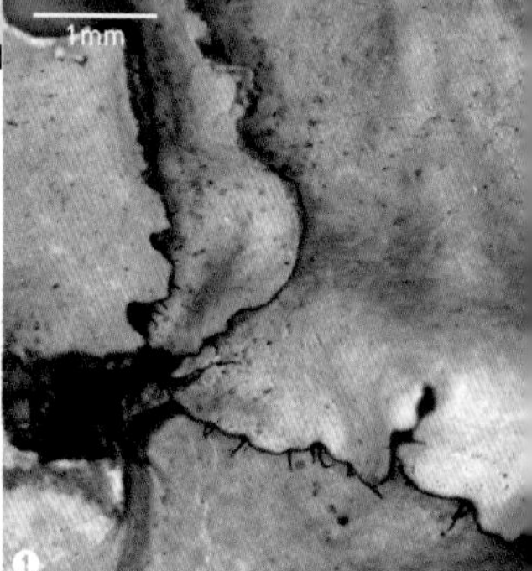

❶ 지의체의 가장자리를 따라 세모가 일자형이나 분지되어 발달한다.

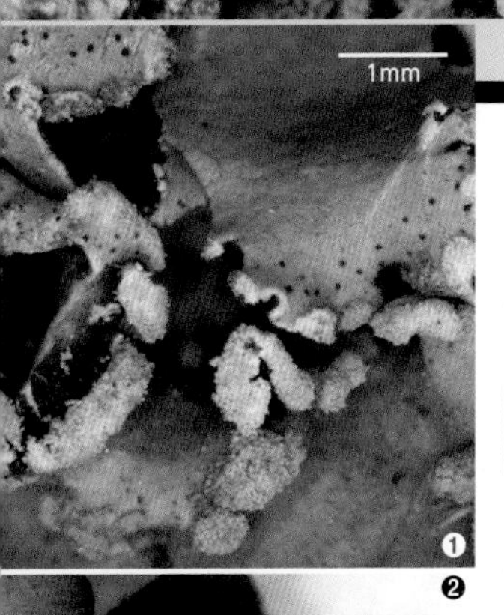

| Parmeliaceae |

가루매화나무지의

Parmotrema perlatum (Huds.) M. Choisy

생육형  생식기관  착생기물 

참나무(*Quercus*)속 수피에 착생하여 주로 자라는 중형 엽상지의류로 회색을 띤다. 비교적 느슨하게 기물에 부착되어 생장한다. 소엽은 둥글고 가장자리를 따라 세모와 분아가 잘 발달한다. 자낭반과 분생자각은 볼 수 없다.

❶ 지의체의 가장자리 부근에 알갱이 형태의 분아가 입술모양으로 분아괴을 형성한다. 분아가 발달된 소엽은 바깥으로 잘 말려 있다.

❷지의체의 가장자리를 따라 세모가 짧은 일자형으로 발달한다.

| Parmeliaceae |

과립매화나무지의

Parmotrema praesorediosum (Nyl.) Hale

생육형 생식기관 착생기물

저지대 소나무나 벚나무에 주로 착생하여 자라는 중형 엽상지의류로 회녹색을 띤다. 비교적 밀착해 자라며, 엽체의 가장자리를 따라 원형의 분아덩어리가 잘 발달한다.

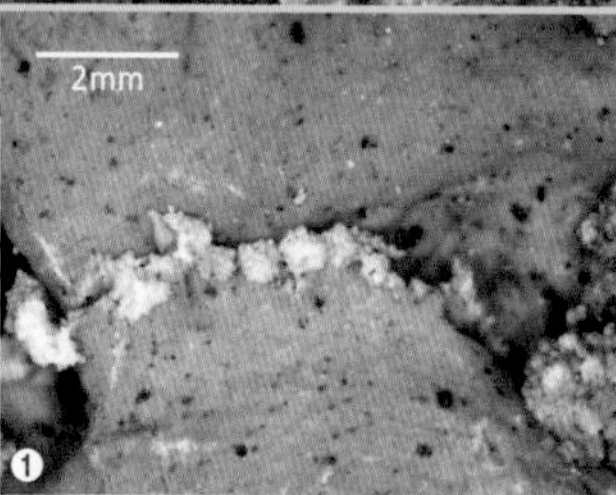

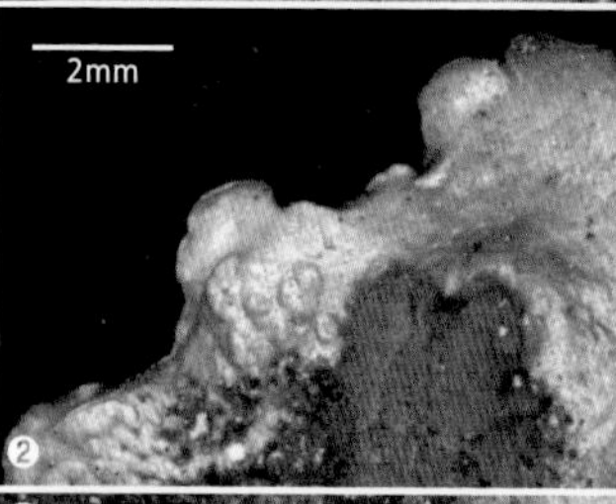

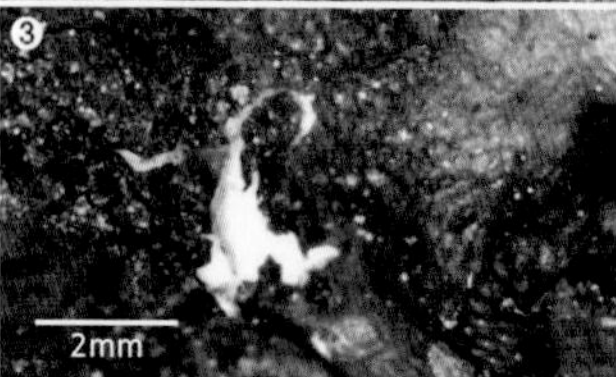

❶ 지의체의 가장자리를 따라 원형의 분아가 덩어리모양으로 잘 발달한다.

❷❸ 지의체의 아랫면 선단부는 광택이 나는 갈색으로 비교적 넓게 가근이 없이 매끄럽다. 안쪽에는 일자형의 짧은 검은색 가근이 듬성듬성 발달한다.

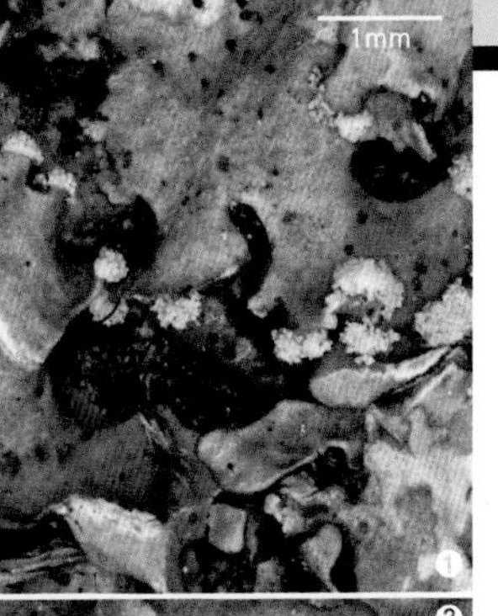

②

1mm

| Parmeliaceae |

말린눈썹지의

Parmotrema reticulatum (Taylor) M. Choisy

생육형 생식기관 착생기물

중고산지대 수피나 바위에 착생하여 자라는 중형 엽상지의류로 회색을 띤다. 비교적 느슨하게 기물에 부착하여 생장한다. 소엽은 둥글며 서로 겹쳐 있고 매큐라가 잘 발달한다. 가장자리를 따라 세모와 분아가 잘 발달하며, 자낭반과 분생자각은 거의 안 보인다.

❶ 지의체의 가장자리 부근과 끝에 알갱이 형태로 된 분아가 분아덩어리를 형성한다. 분아가 잘 발달한 소엽은 바깥으로 아주 잘 말려 기둥 모양을 하기도 한다.

❷지의체의 가장자리를 따라 세모가 단순하거나 여러 갈래로 분지되어 있다. 분아덩어리의 아랫면은 흰색 또는 갈색을 띤다.

| P a r m e l i a c e a e |

넙적매화나무지의

Parmotrema subsumptum (Nyl.) Hale

생육형 생식기관 착생기물

저지대 수피나 바위에 착생하여 자라는 중형 엽상지의류로 회색을 띤다. 비교적 느슨하게 기물에 부착하여 생장한다. 지의체 윗면은 매끈하며 광택이 난다. 소엽은 둥글고 크며 서로 겹쳐 있다. 매큐라가 있고 가장자리를 따라 세모와 분아가 잘 발달한다. 자낭반과 분생자각은 볼 수 없다.

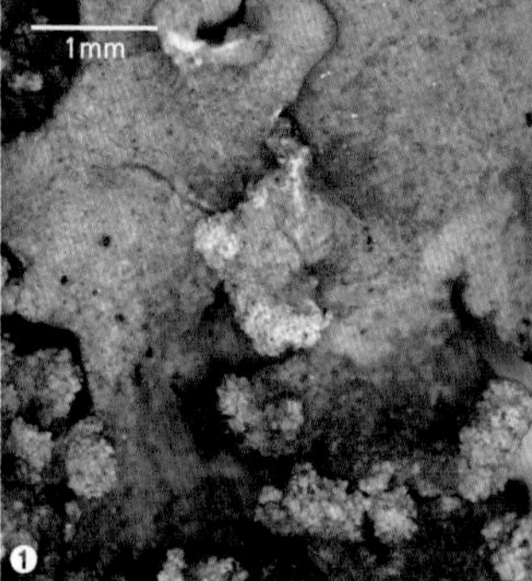

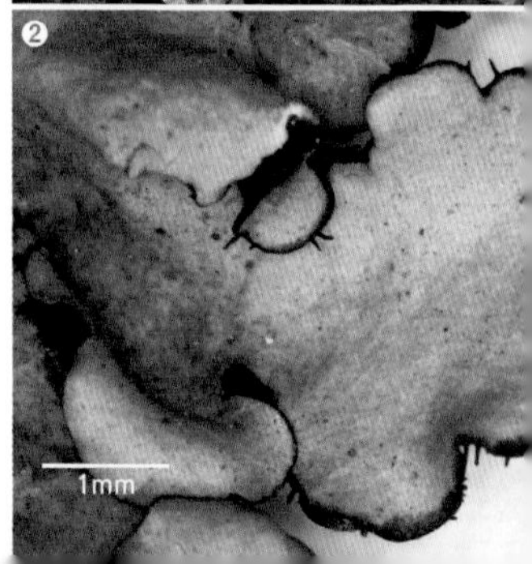

❶ 지의체의 가장자리 부근과 끝에 알갱이 형태로 된 분아가 분아덩어리를 형성한다. 분아가 잘 발달된 소엽은 바깥으로 말려 있다.

❷ 지의체의 가장자리를 따라 검은색 세모가 있다.

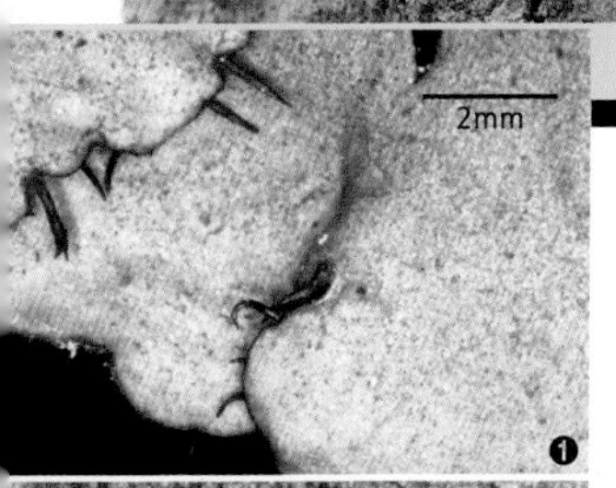

| Parmeliaceae |

큰나플나플눈썹지의

Parmotrema subtinctorium (Zahlbr.) Hale
(=*Canomaculina subtinctoria*)

생육형 생식기관 착생기물

저지대 바위나 수피에 착생하여 자라는 원형의 중형 엽상지의류로 방사형으로 자란다. 지의체 표면에 열아가 있고 가장자리를 따라 검은색 세모들이 잘 발달한다. 건조 시에는 녹회색을, 젖은 상태에서는 진한 녹색을 띤다.

❶ 엽체는 둥글며, 가장자리를 따라 세모가 잘 발달한다.
❷ 지의체 윗면에는 산호모양의 열아가 밀집해 발달한다.
❸ 지의체의 아랫면 가장자리는 갈색을 띠며 가근이 전혀 없이 매끈한 모양이다. 중심부로 갈수록 진한 갈색의 일자형 가근이 잘 발달한다.

| Parmeliaceae |

매화나무지의

Parmotrema tinctorum (Despr. ex Nyl.) Hale

생육형 생식기관 착생기물

저지대 해안 및 저지대 사찰 주변에 사는 소나무나 벚나무에 주로 착생하여 자라는 중대형 엽상지의류로 회녹색을 띤다. 느슨하게 부착하여 자란다. 엽체 중심부에는 열아가 잘 발달한다.

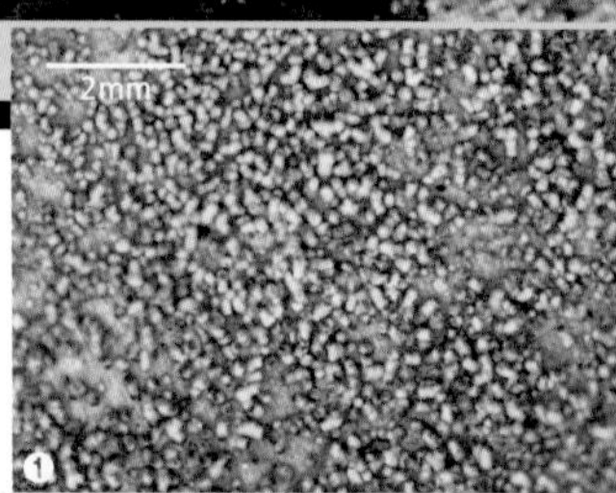

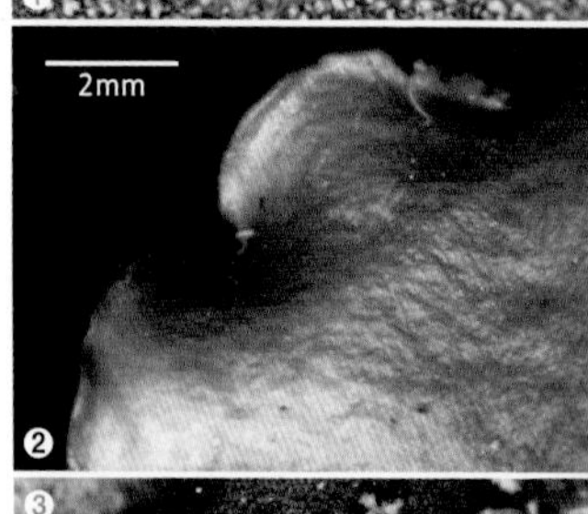

❶ 열아는 지의체의 윗면 중심부에 짧은 산호나 섬유모양이다. 엽체의 표면 전체에 걸쳐 잘 발달한다.

❷❸ 지의체의 아랫면 선단부는 광택이 있는 갈색이다. 비교적 넓게 가근이 없이 매끄럽다. 안쪽에는 일자형의 짧은 검은색 가근이 듬성듬성 발달해 있다.

| Parmeliaceae |

흰점지의

Punctelia borreri (Sm.) Krog

생육형 생식기관 착생기물

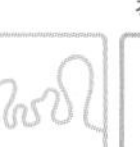

저지대부터 고지대까지 수피에 착생하여 자라는 원형의 중형 엽상지의류다. 건조 시에는 녹회색이나 회갈색을, 젖은 상태에서는 녹색을 띤다. 소엽은 불규칙하게 분지되며 잘 발달한다. 가장자리를 따라서는 소열편이, 지의체 표면에는 흰색 반점으로 보이는 의배점과 알갱이모양의 분아가 잘 발달한다. 아랫면은 진한 갈색이나 검은색으로 짧은 가근들을 볼 수 있다.

❶ 지의체의 윗면 전체에 흰색 반점모양의 의배점과 알갱이모양의 분아덩어리가 잘 발달한다.

돌기흰점지의

Punctelia subflava (Taylor) Elix & J. Johnst. (=*Punctelia rudecta*)

생육형 생식기관 착생기물

저지대부터 고지대까지 수피나 바위에 착생하여 자라는 원형의 중형 엽상지의류다. 건조 시에는 녹회색이나 회갈색을 띤다. 소엽은 불규칙하게 분지되고 잘 발달한다. 가장자리를 따라서는 소열편이, 지의체 표면에는 흰색 반점으로 보이는 의배점과 열아가 잘 발달한다. 아랫면은 갈색이고, 단순하거나 두 갈래로 분지된 가근들이 존재한다.

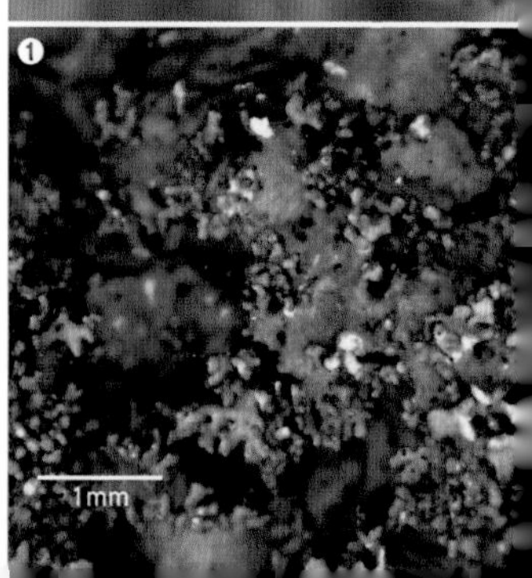

❶ 지의체의 윗면 전체에 걸쳐 흰색 반점모양의 의배점을 볼 수 있다. 가장자리를 따라 원통형이거나 소열편모양의 열아가 잘 발달한다.

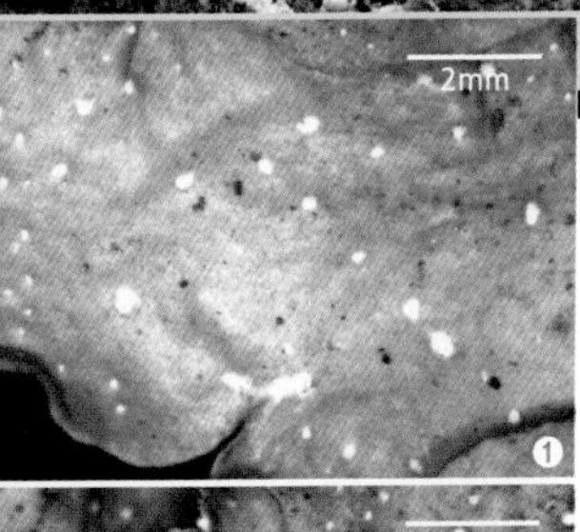

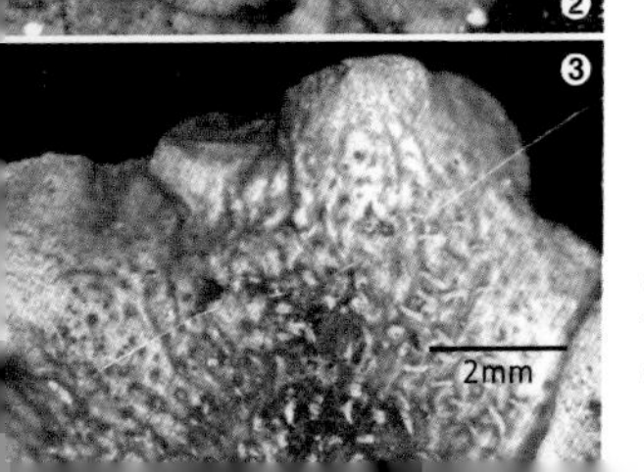

| Parmeliaceae |

유사돌기흰점지의

Punctelia subrudecta (Nyl.) Krog

생육형 생식기관 착생기물

저지대부터 고지대까지 수피에 착생하여 자라는 원형의 중형 엽상지의류다. 건조 시에는 회녹색을, 젖은 상태에서는 진한 녹색을 띤다. 지의체 표면에는 흰색 반점으로 보이는 의배점과 알갱이모양의 분아가 잘 발달한다. 아랫면에는 갈색으로 짧은 가근들이 존재한다.

❶❷ 지의체의 윗면 전체에는 흰색 반점모양의 의배점과 알갱이모양의 분아덩어리가 잘 발달한다.

❸ 지의체의 아랫면은 연한 갈색으로 흰색 또는 갈색 가근이 있다.

| Parmeliaceae |

원형끈지의

Sulcaria sulcata (Lév.) Bystrek

생육형 생식기관 착생기물

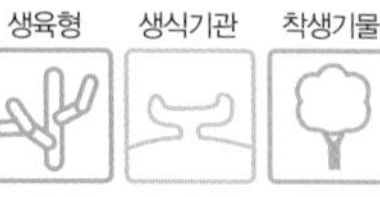

해발 1,500m 이상 산림지대의 수피에 착생하여 사는 중형 수지상지의류로 갈색이나 녹회색을 띤다. 기물에 매달려 직립생장하고, 엽체는 불규칙하게 두 갈래로 분지되고 선단부는 바늘처럼 뾰족하다. 의배점이 있고, 엽체 측면에서 발달하는 자낭반이 종종 보인다. 흔히 보이는 종이 아니며 지리산, 오대산 등 고산지대의 고목에서 찾아볼 수 있다.

| Parmeliaceae |

얇은껍질지의

Tuckneraria pseudocomplicata (Asahina) Randlane & Saag

생육형 착생기물

해발 1,000m~1,500m 사이 산림지대에 광이 잘 드는 나뭇가지에 착생하여 사는 중형 엽상지의류로 황록색이나 올리브녹색을 띤다. 소엽의 가장자리는 둥근 톱니모양이고 가장자리를 따라 의배점이 있다. 아랫면은 밝은 갈색을 띠며 의배점이 있고, 단순한 살색 가근이 있다. 엽체의 가장자리를 따라 많은 분생각이 보이지만 자낭반은 볼 수 없다.

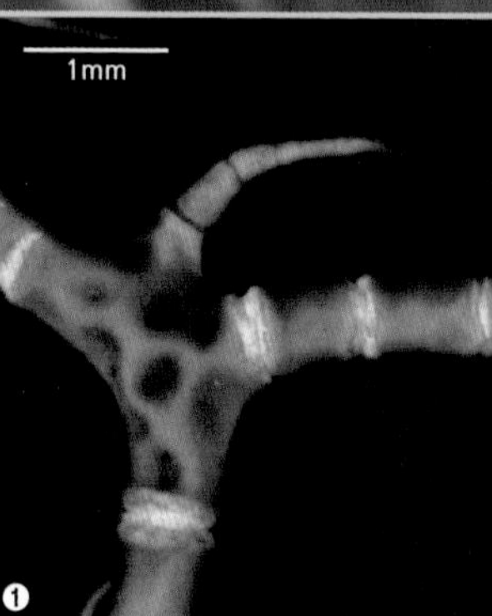

| Parmeliaceae |

송라

Usnea diffracta Vain.

생육형 생식기관 착생기물

해발 1,000m 이상 고산지대의 절벽이나 수목에 착생하여 자라는 중형 수지상지의류다. 실가닥모양의 엽체들은 기물에 부착하여 아래로 매달려 있으며 녹색을 띤다. 송라(지의)로 알려져 있으며 식용 및 약용한다. 열편의 중간중간에 환상의 마디들이 보인다. 매우 찾아보기 힘든 종이다.

❶ 지의체의 엽체 중간중간에 환상의 마디가 있는 것이 특징이다.

| Parmeliaceae |

솔송라

Usnea hakonensis Asahina

생육형 생식기관 착생기물

해발 800m 이상 고산지대의 바위에 착생하여 자라는 소형 수지상지의류다. 소나무 솔잎모양의 엽체가 기물에 부착하여 아래로 매달려 있다. 선단부는 황록색 기저부는 암갈색을 띠며 원통형이다. 원통형의 주가지에서 많은 잔가지가 분지된다. 가지들에는 분아와 열편이 잘 발달하며 매우 찾아보기 힘든 종이다.

| Parmeliaceae |

붉은수염송라

Usnea rubrotincta Stirt.

생육형 생식기관 착생기물

해발 400m 저지대의 바위에 착생하여 자라는 소형 수지상지의류로 소나무 솔잎모양의 엽체가 기물에 부착하여 아래로 매달려 있다. 원통형 주가지는 붉은색, 기저부는 암갈색을 띤다. 원통형의 주가지에서 많은 잔가지가 분지된다. 가지들에는 분아와 열편이 잘 발달하며 매우 찾아보기 힘든 종이다.

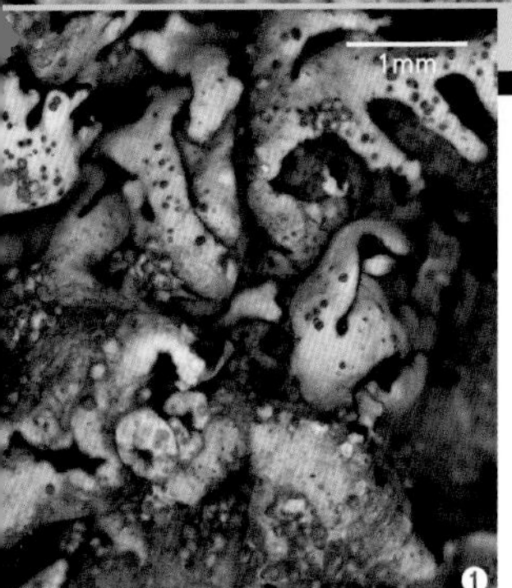

| Parmeliaceae |

국화잎지의

Xanthoparmelia conspersa (Ehrh. ex Ach.) Hale

생육형 생식기관 착생기물

해발 1,000m 이하 저지대 바위에 느슨하게 착생하여 자라는 중소형 엽상지의류로 어두운 황록색을 띤다. 소엽의 가장자리에는 검은색 테가 있고 끝은 둥글며 열아가 있다. 아랫면은 암갈색이나 검은색을 띠며 일자형의 짧은 가근들이 잘 발달한다. 갈색 자낭반을 종종 볼 수 있다.

❶ 열아는 구형이나 원통형이며 단순하거나 산호형으로 분지된다. 정단부는 어두운색이다.

밤색국화잎지의

Xanthoparmelia coreana (Gyeln.) Hale

생육형 생식기관 착생기물

해발 1,000m 이하 저지대 바위에 느슨하게 착생하여 자라는 중소형 엽상지의류로 밝은 황록색을 띤다. 소엽은 일부만 겹치고 대부분은 분리하여 생장한다. 가장자리에는 검은색 테가 있고 끝은 둥글며, 열아가 있다. 아랫면은 진한 갈색이고, 갈색의 일자형 짧은 가근들이 잘 발달한다. 자낭반은 볼 수 없다.

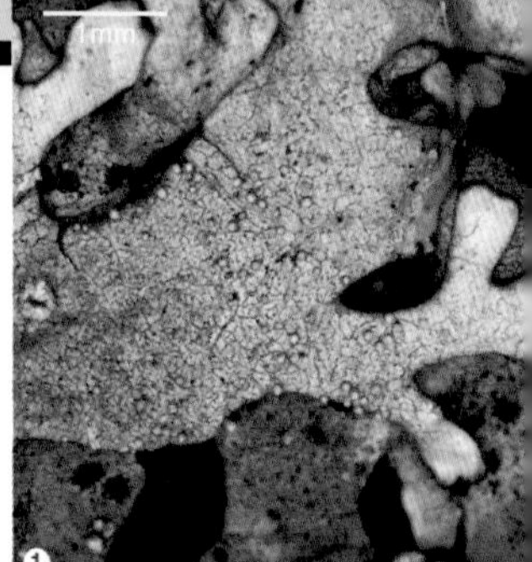

❶ 열아는 구형이나 원통형으로 단순하다. 정단부는 연한 회색이다.

| Parmeliaceae |

담색국화잎지의

Xanthoparmelia mexicana (Gyeln.) Hale

생육형 생식기관 착생기물

해발 1,000m 이하 저지대 바위에 밀착하여 생장하는 중형 엽상지의류로 회녹색 또는 탁한 녹색을 띤다. 소엽은 불규칙하게 군집을 이루어 생장하고, 가장자리에는 갈색이나 검은색 테가 있다. 끝은 둥글며 열아가 있고, 아랫면은 아이보리갈색을 띤다. 일자형의 짧은 가근들이 잘 발달한다. 자낭반은 볼 수 없다.

| Parmeliaceae |

돌기국화잎지의

Xanthoparmelia subramigera (Gyeln.) Hale

생육형 생식기관 착생기물

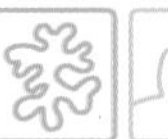

저지대의 바위에 밀착하여 생장하는 원형의 중소형 엽상 지의류로 연녹색을 띤다. 돌이끼라 알려진 지의류다. 엽체의 표면에 열아가 있고, 아랫면은 연한 갈색으로 일자형의 짧은 가근들이 잘 발달한다.

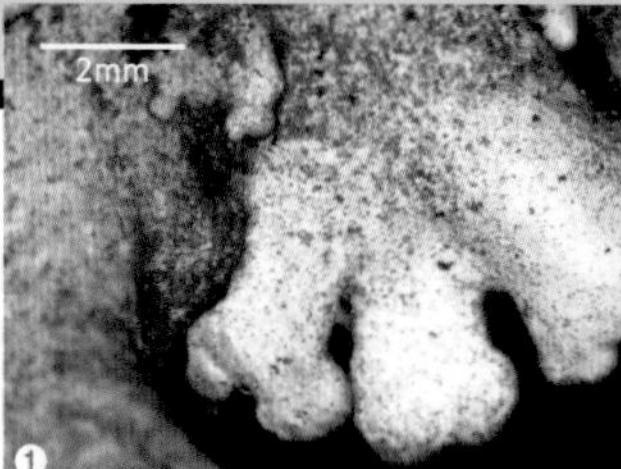

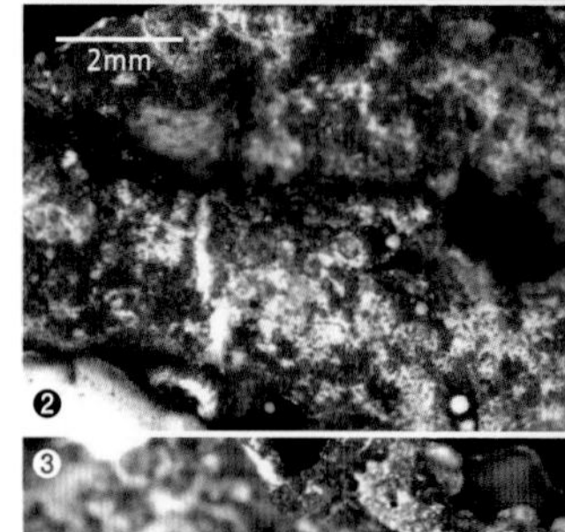

❶ 지의체의 윗면은 매끄럽고 광택이 난다. 선단부는 원형이며 분지되고 진한 갈색의 테두리가 있다.

❷ 지의체 표면에 구형의 열아가 있다.

❸ 지의체 아랫면은 연한 갈색으로 검은색의 일자형 짧은 가근이 있다.

알갱이국화잎지의

Xanthoparmelia tuberculiformis Kurok.

생육형 생식기관 착생기물

해발 1,000m 이상 고산지대 바위에 밀착하여 생장하는 중소형 엽상지의류로 밝은 황록색을 띤다. 엽체 중심부의 빛깔은 어둡다. 소엽은 규칙적으로 분지되어 생장하며 가장자리에 검은색이나 갈색 테가 있다. 열아가 잘 발달하며, 아랫면은 검은색이나 암갈색을 띤다. 일자형의 짧은 가근들이 잘 발달하고 자낭반을 종종 볼 수 있다.

❶ 열아는 구형 또는 원통형으로 단순하거나 드물게 산호형으로 분지된다.

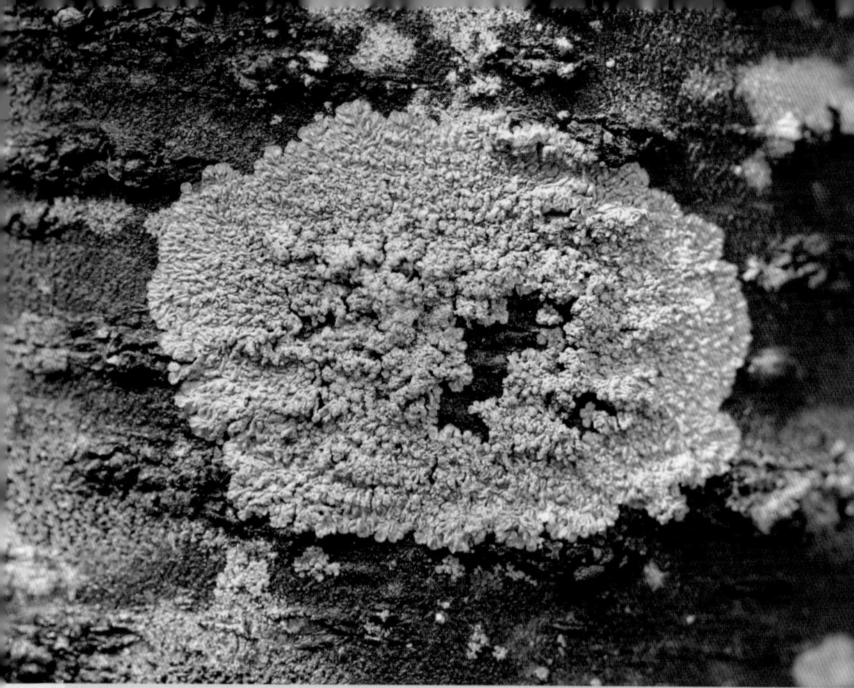

| Caliciaceae |

메달지의

Dirinaria applanata (Fée) D.D. Awasthi

생육형 생식기관 착생기물

도로 주변의 가로수를 포함해 도심지역에서 가장 흔히 볼 수 있는 원형의 중형 엽상지의류다. 특히 벚나무에서 많이 생장하며 회녹색을 띤다.

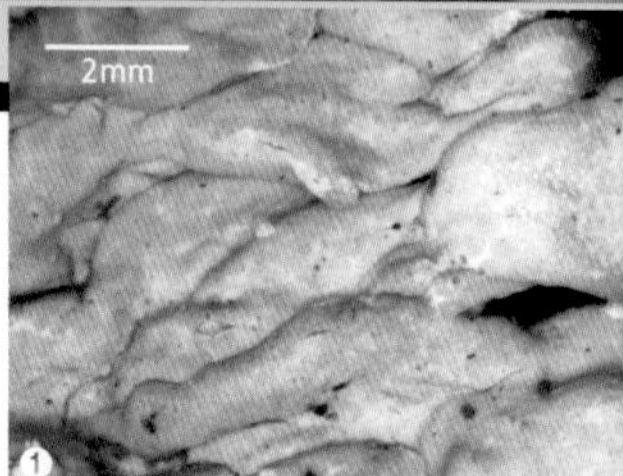

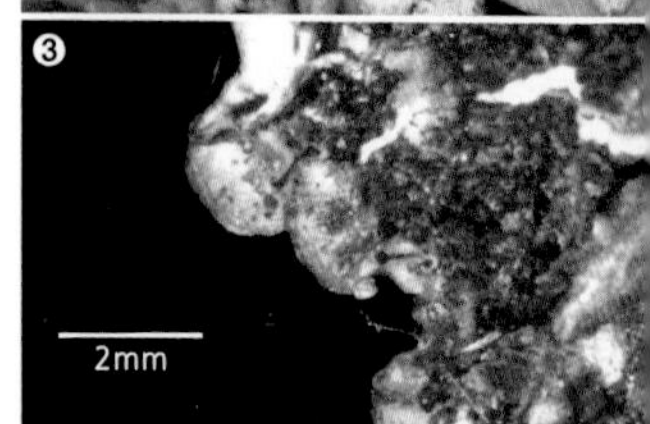

❶ 지의체의 윗면은 볼록하게 부풀어 있다. 엽체 선단부는 손가락모양으로 가늘게 분지되어 겹쳐서 생장한다.

❷ 지의체의 가장자리를 제외한 표면 전체에 분아가 잘 발달한다.

❸ 지의체의 아랫면은 검은 갈색이며 가근이 없이 매끄럽게 보인다. 피층이 벗겨져 흰색 수층이 드러나기도 한다.

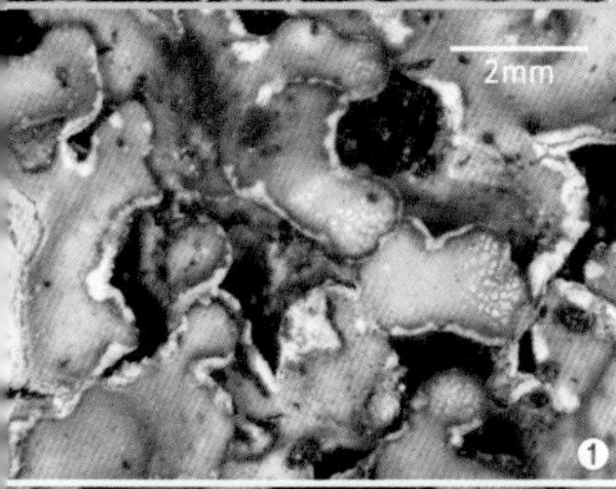

| Caliciaceae |

노란속검은별지의

Pyxine endochrysina Nyl.

생육형 생식기관 착생기물

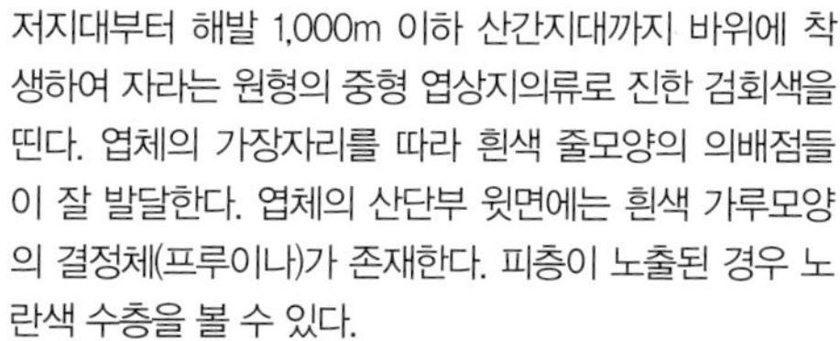

저지대부터 해발 1,000m 이하 산간지대까지 바위에 착생하여 자라는 원형의 중형 엽상지의류로 진한 검회색을 띤다. 엽체의 가장자리를 따라 흰색 줄모양의 의배점들이 잘 발달한다. 엽체의 산단부 윗면에는 흰색 가루모양의 결정체(프루이나)가 존재한다. 피층이 노출된 경우 노란색 수층을 볼 수 있다.

❶ 지의체의 윗면 가장자리를 따라 흰색 줄모양의 의배점이 잘 발달된다. 선단부 윗면에는 흰색 가루모양으로 반짝이는 결정체(프루이나)가 보인다. 수층은 노란색이다.

❷ 열아는 둥글고 짧은 손가락모양이다. 지의체의 윗면이나 가장자리에 잘 발달한다.

❸ 지의체의 아랫면은 검은색, 끝은 흰색이며 여러 가닥으로 분지된다. 짧은 가근들을 볼 수 있다.

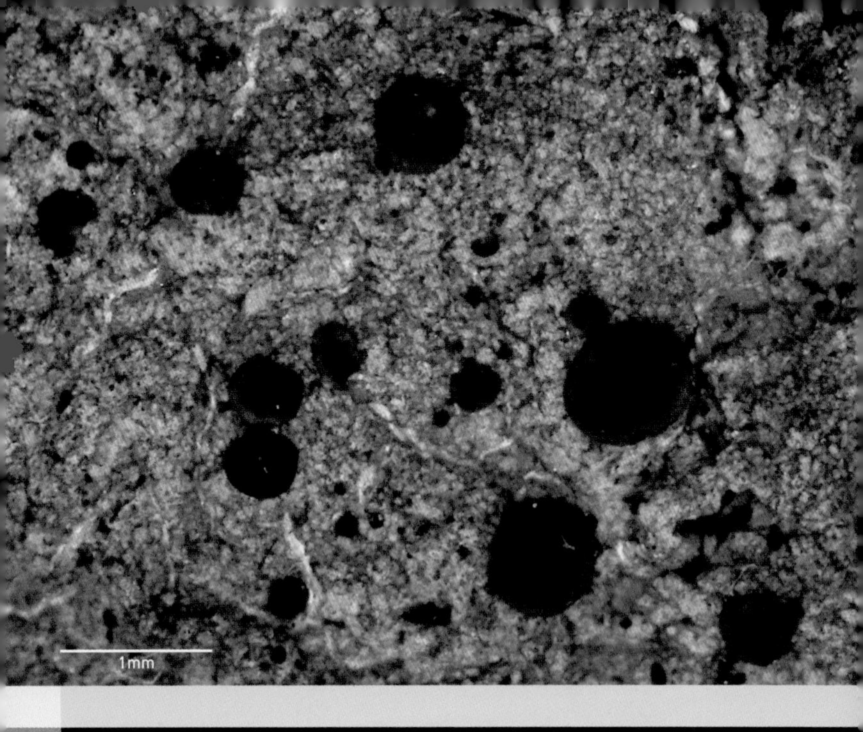

산호향아리지의

Lopadium coralloideum (Nyl.) Lynge

생육형 생식기관 착생기물

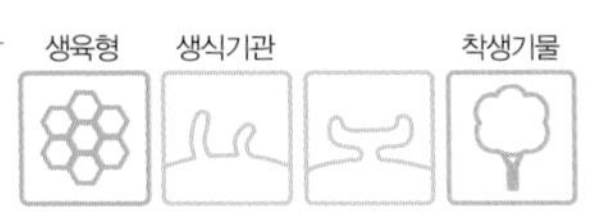

해발 1,600m 고산지대의 수피에 서식하는 가상지의류로 갈색 또는 올리브회색을 띤다. 엽체는 사마귀꼴 돌기로 뒤덮여 있으며, 산호모양의 열아는 다분지되어 있으며, 원통형이다. 자낭반은 점의 형태이거나 컵 형태이고 검정색이다.

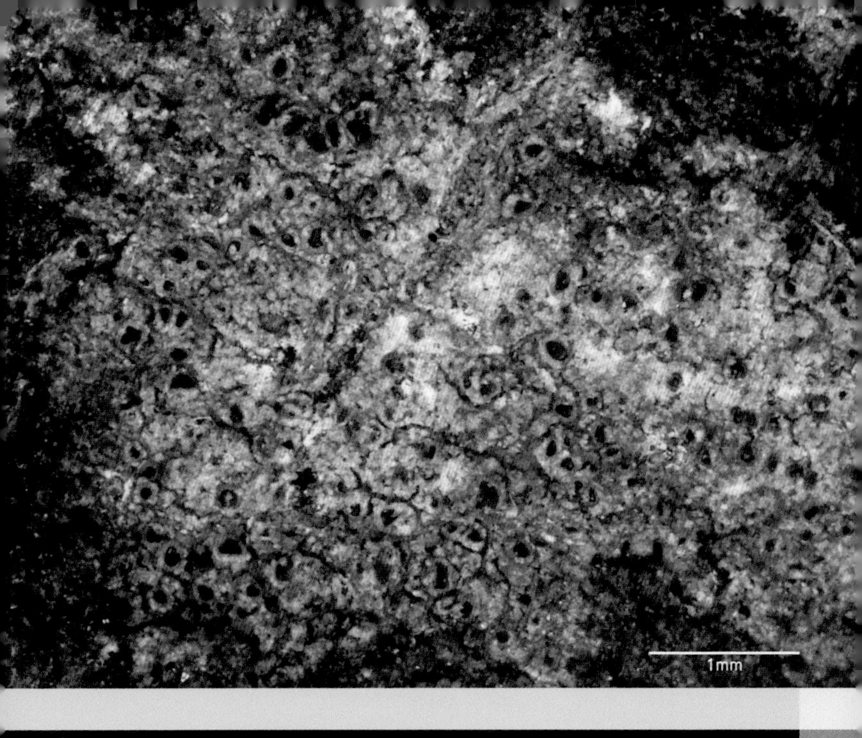

| Ramalinaceae |

작은혹지의

Biatora globulosa (Flörke) Fr.

생육형 생식기관 착생기물

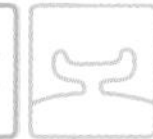

해발 10m 이하 저지대의 수피나 바위에 자라는 가상지의류로 회백색을 띤다. 엽체는 기물에 함몰되거나 약간 올록볼록하다. 엽체의 표면은 광택이 없으며 흰색 결정을 볼 수 없다. 자낭반은 원형이며 지의체에 직접 부착되어 자란다. 지름이 0.2~0.5(0.65)mm으로 검은색이며, 종종 갈색 또는 회색을 띠기도 한다.

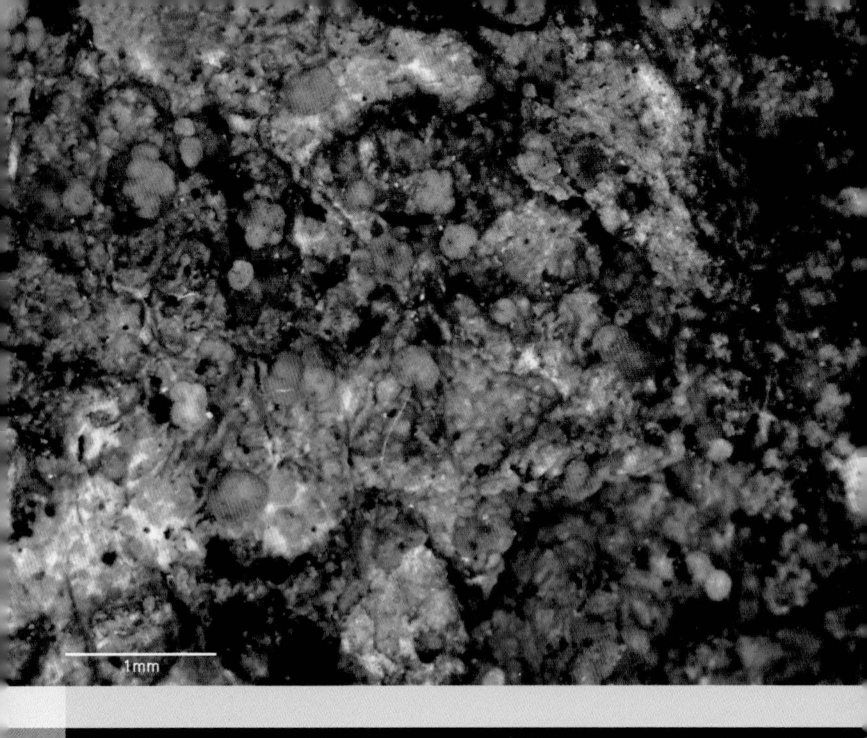

갈색작은혹지의

Biatora longispora (Degel.) Lendemer & Printzen

생육형 생식기관 착생기물

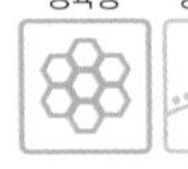

중고산지대의 수피에 자라는 가상지의류로 회녹색을 띤다. 엽체는 지름이 1~1.5mm로 매우 작지만 군체를 이룬 것은 수 cm에 이른다. 지름이 0.1~0.3mm인 작은 아레올레로 이루어져 기물에 함몰된다. 표면은 무사마귀꼴의 알갱이가 있거나 굴곡지고 균열이 없으며, 간혹 밝은 녹색이나 녹황색 분아덩어리가 있다. 분아덩어리는 점 형태이며 지름이 0.1~0.2mm로 둥글고, 서로 결합해 커진 것들은 지름이 0.4~1mm 정도 된다. 하생조균실은 흰색이다. 자낭반의 지름은 (0.2)0.3~0.6(1)mm로 둥글며, 초기에는 가장자리가 평면이고 얇으나 성숙되면 혹처럼 볼록하다. 색깔은 흰색이나 연한 갈색을 띤다.

| Ramalinaceae |

산호잎지의

Phyllopsora corallina (Eschw.) Müll. Arg.

생육형 생식기관 착생기물

해발 600m 이상의 수피에 서식하는 인편상지의류로 갈색을 띤다. 지의체가 미성숙할 때는 개체로 존재하다가 성숙하면 군집을 이루며 서로 겹쳐진다. 상부표면은 매끄럽다. 하부균실은 잘 발달하며 흰색이다. 열아는 인편에 많이 생성되며, 원통형으로 드물게 분지된다. 열아의 끝은 암갈색이며 자낭반은 볼 수 없다.

| Ramalinaceae |

높은봉우리탱자나무지의

Ramalina almquistii Vain.

생육형 착생기물

해안가 저지대에서 해발 1,500m 고산지대까지 바위에 착생하여 자라는 중소형 수지상지의류로 회녹색 또는 진한 녹색을 띤다. 여러 개체가 군집을 이루어 자라며 지의체 표면에 군데군데 구멍이 나 있다. 엽체는 여러 가지로 분지되며 속은 비었고, 선단부는 바늘처럼 뾰족한 모양이다.

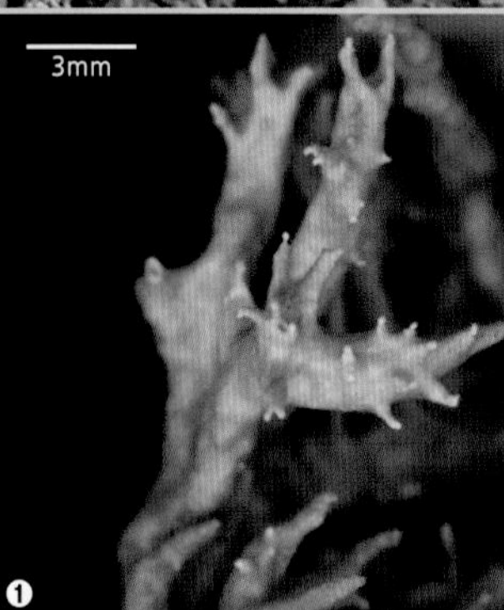

❶❷ 엽체는 손가락모양의 원통형으로 표면에 구멍이 나 있고 속은 비었다. 선단부는 바늘처럼 뾰족하게 나와 있다.

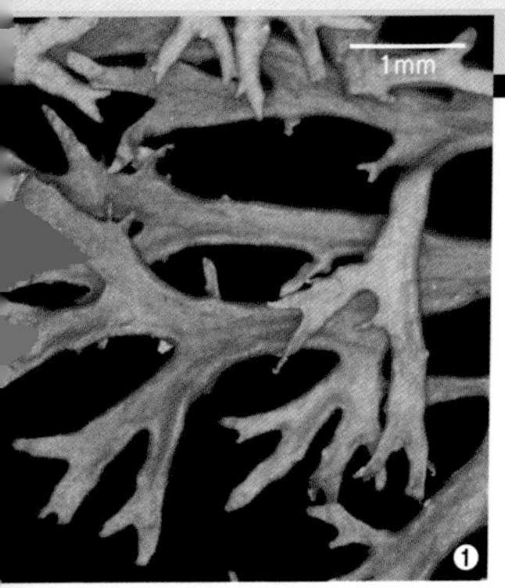

민탱자나무지의

Ramalina conduplicans Vain.

생육형 생식기관 착생기물

해안가 저지대부터 해발 1,500m 고산지대까지 수피나 바위에 착생하여 자라는 중소형 수지상지의류로 회녹색 또는 진한 녹색을 띤다. 몇 개의 개체가 군집을 이루어 한 개의 부착기에서 자라며 지의체 표면에 군데군데 구멍이 나 있다. 엽체 속은 비어 있지 않다. 엽체는 여러 갈래로 선단부는 포크처럼 뾰족하게 분지된다. 엽체의 끝이나 가장자리에 생성된 자낭반을 흔히 볼 수 있다.

❶ 여러 갈래로 분지된 엽체의 선단부가 포크처럼 뾰족하다.

| Ramalinaceae |

연한탱자나무지의

Ramalina exilis Asahina

생육형 생식기관 착생기물

중고산지대의 바위에 착생하여 자라는 중소형 수지상지의류로 연한 녹색을 띤다. 엽체는 매우 가늘고(1mm 이하), 길이는 3cm 이하다. 표면은 구멍이 없이 납작한 모양을 하고 속은 비어 있지 않다. 주로 군집을 이루어 자란다. 엽체의 가장자리를 따라 알갱이모양의 분아가 있다.

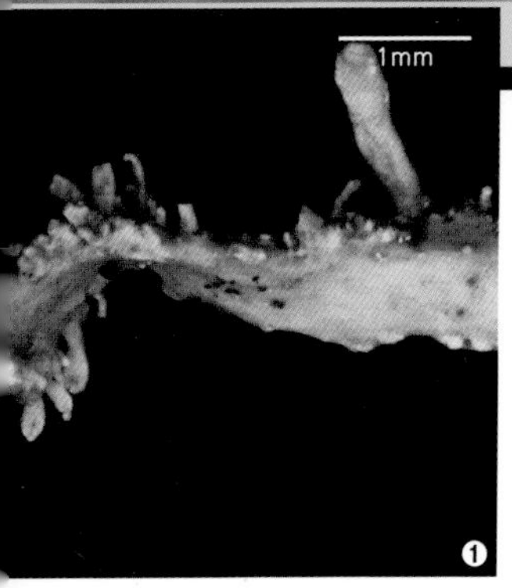

| Ramalinaceae |

물가돌탱자나무지의

Ramalina litoralis Asahina

생육형 생식기관 착생기물

저지대 바닷가 바위에 착생하여 자라는 소형 수지상지의류로 황록색을 띤다. 엽체의 길이는 2cm 내외, 폭은 1mm 정도이며 약간 원통형이며 속은 차 있다. 여러 가지가 한데 뭉쳐 부착되며, 가지는 두 갈래나 불규칙하게 분지된다. 엽체의 가장자리를 따라 가시모양의 돌기가 난다. 배점은 타원형으로 가지의 가장자리에 있고, 분아는 없다. 엽체의 가장자리에 형성된 자낭반을 종종 볼 수 있다.

❶ 엽체의 가장자리를 따라 가시모양의 돌기가 나와 있다. 엽체의 가장자리에 타원형의 의배점은 볼 수 있다.

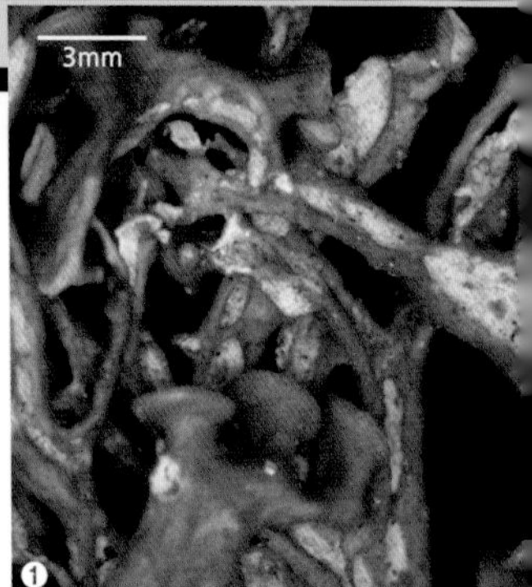

| Ramalinaceae |

갈래갈래탱자나무지의

Ramalina pertusa Kashiw.

생육형 생식기관 착생기물

저지대의 수피에 착생하여 자라는 중소형 수지상지의류로 연한 녹색을 띤다. 엽체의 길이는 5cm 내외로 폭은 1mm 정도이다. 납작하며 속은 차 있지만 표면 중간중간에 피층 없이 수층이 그대로 노출된다. 분아는 없고, 엽체의 선단부에 자낭반을 많이 형성한다.

❶ 지의류의 엽체는 불규칙하게 분지된다. 분아는 없고 속은 차 있으며, 수층이 군데군데 그대로 노출된다. 자낭반은 선반부에 잘 발달한다.

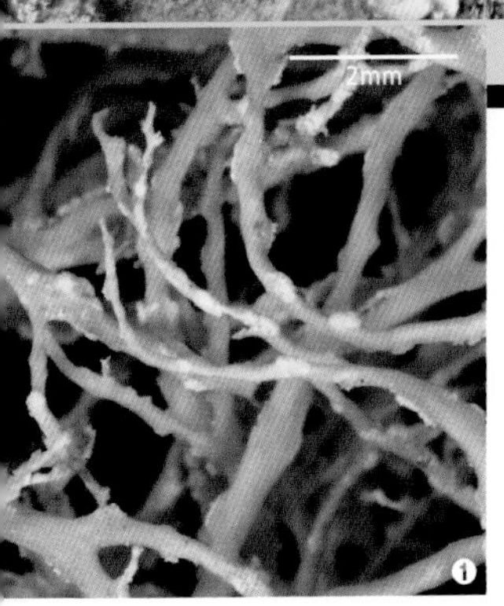

| Ramalinaceae |

작은머위탱자나무지의

Ramalina peruviana Ach.

생육형 생식기관 착생기물

해안가 저지대에서 중산간지대까지 바위에 착생하여 자라는 중대형 수지상지의류로 연한 녹색을 띤다. 열편은 납작한 편으로 불규칙하게 분지되며 가장자리를 따라 분아가 잘 발달한다. 기물에 길게 매달려 있으며 전체 길이가 15cm에 달하기도 한다.

❶ 지의체는 납작하며 속은 비어 있지 않다. 불규칙하게 분지되고 길이가 생장한다. 엽체의 가장자리를 따라 분아가 잘 발달한다.

| Ramalinaceae |

갯바위탱자나무지의

Ramalina siliquosa (Huds.) A.L. Sm.

생육형 생식기관 착생기물

해안가 저지대에 분포하는 중형 수지상지의류로 연한 녹색을 띤다. 열편은 납작하며 폭이 비교적 넓은 편(2mm 이상)이다. 분아는 없으며 분지되지 않는다.

| Ramalinaceae |

넓은잎탱자나무지의

Ramalina sinensis Jatta

생육형 생식기관 착생기물

저지대부터 고지대까지 수피에 착생하여 자라는 중형 수지상지의류로 윗면은 녹색을, 아랫면은 흰색을 띤다. 단일 개체로 자라며 열편의 폭은 1cm 이상으로 매우 넓다. 엽체에는 여러 가닥의 맥들이 잘 발달하고 선단부에 대형 자낭반들이 형성된다. 엽체 표면에는 흰색 반점의 의배점이 보인다.

| Ramalinaceae |

바위꽃탱자나무지의

Ramalina yasudae Räsänen

생육형 생식기관 착생기물

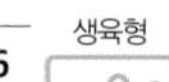

저지대부터 해발 1,600m 고지대까지 바위에 착생하여 자라는 가장 흔한 종이다. 소형 수지상지의류이며 연한 회녹색을 띤다. 동일 제상체에서 분지한 여러 가지가 함께 뭉쳐 자라며 길이는 2cm 내외다. 열편의 폭은 비교적 넓은 편으로 지의체의 선단부에 분아가 발달한다.

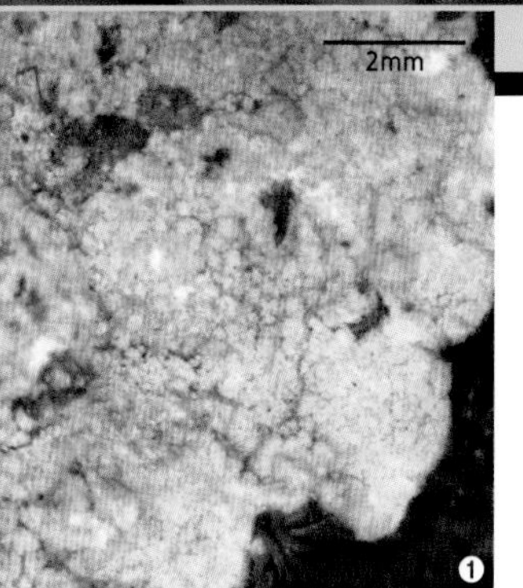

| Stereocaulaceae |

그늘바위솜지의

Lepraria caesioalba var. *caesioalba* (B. de Lesd.) J.R. Laundon

생육형 생식기관 착생기물

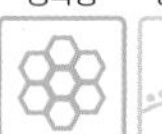

저지대의 그늘지고 습한 바위에서 흔히 볼 수 있는 지의류로 부정형으로 넓게 퍼져 자라는 가상지의류다. 연한 녹색을 띠고 가루를 뿌려놓은 것처럼 보인다.

❶ 지의체를 확대하면 분아덩어리들이 뭉쳐 있어, 전체적으로 가루를 뿌려놓은 것처럼 보인다.

| Stereocaulaceae |

산나무지의

Stereocaulon japonicum Th. Fr.

생육형 생식기관 착생기물

우리나라에 가장 많이 서식하는 나무지의 종이다. 해안가 저지대부터 1,600m 고산지대까지 바위에 착생하여 자라는 중소형 수지상지의류로 회색을 띤다. 가자기병의 길이는 2cm 내외이며 기본엽체가 있다. 가자기병에는 산호모양의 짧은 가지들이 잘 발달한다. 선단부에는 갈색 자낭반이 가자기병의 하단부에 회색이나 검은색을 띠는 두상체가 있다.

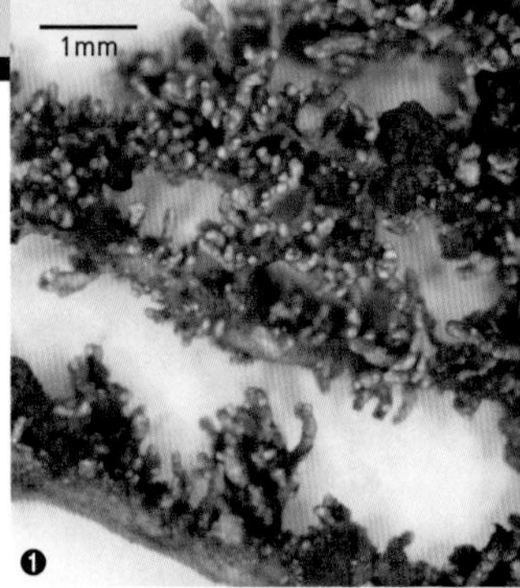

❶ 가자기병 하단부에 검은색 두상체가 있다.

| Stereocaulaceae |

중키산나무지의

Stereocaulon nigrum Hue

생육형 생식기관 착생기물

저지대부터 해발 1,600m 고산지대까지 바위에 착생하여 자라는 중소형 수지상지의류로 회색을 띤다. 가자기병은 3cm 내외이며 기본엽체가 없다. 가자기병에는 원통형이나 산호모양의 짧은 가지들이 잘 발달하며 선단부에는 갈색 자낭반이 있다. 가자기병 하단부에 회색이나 검정색을 띠는 결절이나 포도송이모양의 두상체가 있다.

| Stereocaulaceae |

큰키나무지의

Stereocaulon sorediiferum Hue

생육형 생식기관 착생기물

저지대부터 해발 1,600m 고산지대까지 바위에 착생하여 자라는 중소형 수지상지의류로 회색을 띤다. 가자기병은 4cm 내외이며 기본엽체가 없다. 가자기병에는 짧은 가지들이 잘 발달하며, 가루처럼 보이는 원형의 분아가 가지 끝에 발달한다. 회색을 띠는 자루모양의 두상체가 있다.

| Stereocaulaceae |

비늘나무지의

Stereocaulon verruculigerum Hue

해발 400m 이상 산림지대의 바위에 착생하여 사는 중소형 수지상지의류로 회색을 띤다. 가자기병의 길이는 2cm 내외이며 기본엽체가 있다. 가자기병에는 비늘모양의 짧은 가지들이 잘 발달하며, 선단부에는 갈색 또는 검은색 자낭반이 있다. 가자기병의 하단부에는 회색 또는 검은색 두상체가 있다.

▶ **외형적으로 산나무지의(*S. japonicum*)와 유사하지만 가자기병에 붙은 짧은 가지가 비늘소엽인 것이 다르다.**

| Stereocaulaceae |

납작나무지의

Stereocaulon vesuvianum var. *nodulosum* (Wallr.) I.M. Lamb

생육형 생식기관 착생기물

해발 1,000m 이상 산림지대의 바위에 착생하여 사는 중소형 수지상지의류로 회색을 띤다. 가자기병은 2cm 내외로 기본엽체가 있다. 가자기병은 기물에 누워서 자라며, 비늘모양의 짧은 가지들이 방패형으로 잘 발달한다. 가장자리에는 갈색이나 검은색의 자낭반이 있으며 두상체는 없다.

| Collemataceae |

작은돌기김지의

Collema tenax (Sw.) Ach.

생육형 생식기관 착생기물

저지대부터 중산간산림지역까지 바위나 나무의 이끼에 착생하여 자라는 중소형 엽상지의류다. 지의체는 건조 시에는 말린 미역과 같이 검은색을 띠며, 젖은 상태에서는 젤리처럼 물렁물렁하다. 전체 모습은 원형으로 자라며 중심부를 중심으로 장미꽃모양을 한다. 단독 또는 여러 개체가 함께 자란다.

❶ 분지 안 된 구슬모양의 소형 열아가 지의체의 윗면 가장자리를 제외한 전체에 넓게 잘 발달한다.

❷ 지의체의 가장자리는 둥근 모양으로 매끈하다.

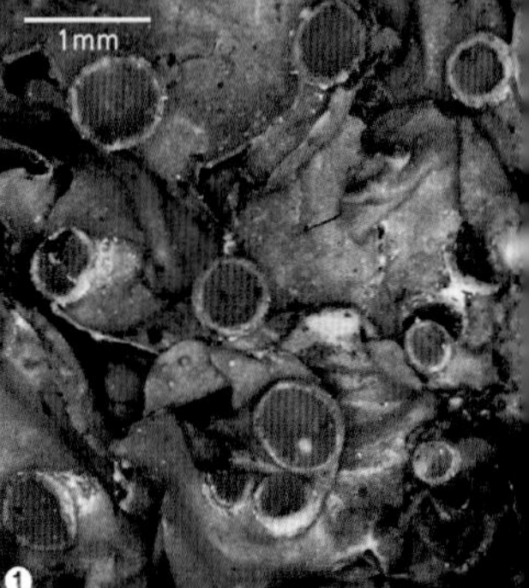

| Collemataceae |

잿빛김지의

Leptogium azureum (Sw.) Mont.

생육형 생식기관 착생기물

중고산지대의 바위나 나무 밑부분의 이끼 위에 주로 착생하여 자라는 남조류 공생 중대형 엽상지의류다. 건조 시에는 진한 회색을 띠며, 젖은 상태에서는 청색을 띤다.

▶ **청잿빛김지의(*L. cyanescens*)와 유사하지만 잿빛김지의는 열아가 없고 표면이 매끄럽다.**

❶ 지의체의 윗면에 갈색 자낭반이 고루 잘 형성된다.

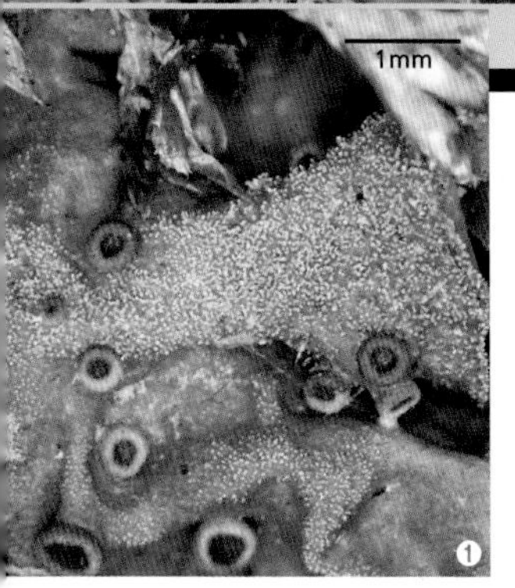

| Collemataceae |

청잿빛김지의

Leptogium cyanescens (Pers.) Körb.

생육형 생식기관 착생기물

중고산지대의 바위나 나무 밑부분의 이끼 위에 주로 착생하여 자라는 남조류 공생 중대형 엽상지의류다. 건조 시에는 진한 회색을, 젖은 상태에서는 청색을 띤다.

▶ 잿빛김지의(*L. azureum*)와 유사하지만 청잿빛김지의는 열아가 있다.

❶ 지의체 윗면에는 갈색의 원형 자낭반이 고루 잘 형성되며, 원기둥모양의 열아가 밀생하여 잘 발달한다.

| Collemataceae |

청건조잿빛김지의

Leptogium pedicellatum P.M. Jørg.

생육형 생식기관 착생기물

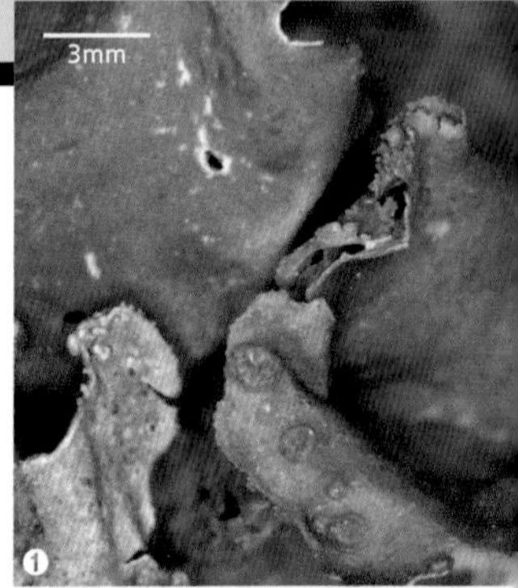

중고산지대의 바위나 나무 밑부분의 이끼 위에 주로 착생하여 자라는 중대형 지의류다. 건조 시에는 진한 회색을, 젖은 상태에서는 검은색을 띤다.

▶ 김지의(*Collema* sp.)와 비슷한 모양이지만, 상하 피층이 있어 엽체가 두껍고 남조류(cyanobacteria)와 공생한다.

❶ 지의체의 윗면 가장자리를 따라 자낭반이 형성되며 작은 열편들이 종종 자란다.

❷ 아랫면에는 가근 대신 융단모양의 흰색 토멘텀이 잘 발달한다.

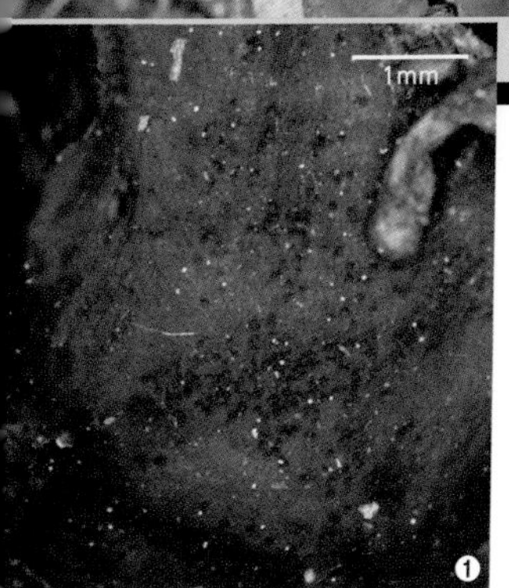

| Collemataceae |

낱알잿빛김지의

Leptogium saturninum (Dicks.) Nyl.

생육형 생식기관 착생기물

중고산지대의 바위나 나무 밑부분의 이끼 위에 주로 착생하여 자라는 남조류 공생 중대형 엽상지의류다. 건조 시에는 갈색 빛깔의 검은색을 띠며, 젖은 상태에서는 올리브 빛깔의 검은색을 띤다. 엽체의 가장자리는 물결처럼 굴곡지며 윗면에 열아가 있다.

❶ 지의체 윗면에 산호모양 또는 알갱이모양의 큰 열아가 고루 발달한다. 자낭반은 보기 어렵다.

| Lobariaceae |

맨들지의

Lobaria discolor (Bory) Hue

생육형 생식기관 착생기물

대기오염 지표종으로 해발 1,000m 이상의 잘 발달된 자연산림에서 주로 분포한다. 수피에 착생하여 자라는 대형 지의류로 건조 시에는 진한 갈색을, 젖은 상태에서는 녹색을 띤다. 중심부의 오래된 엽체는 표면이 심하게 주름진다.

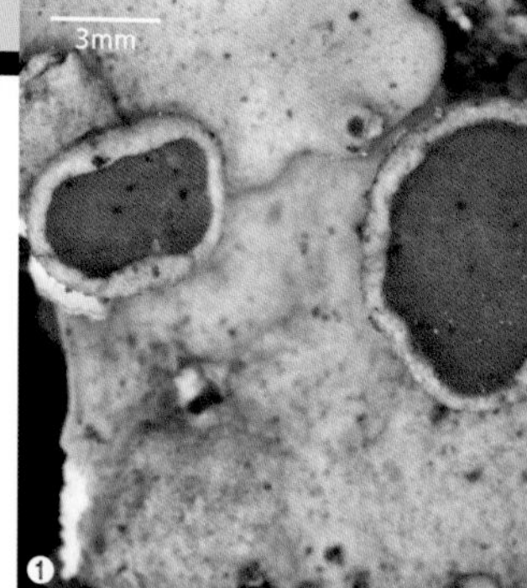

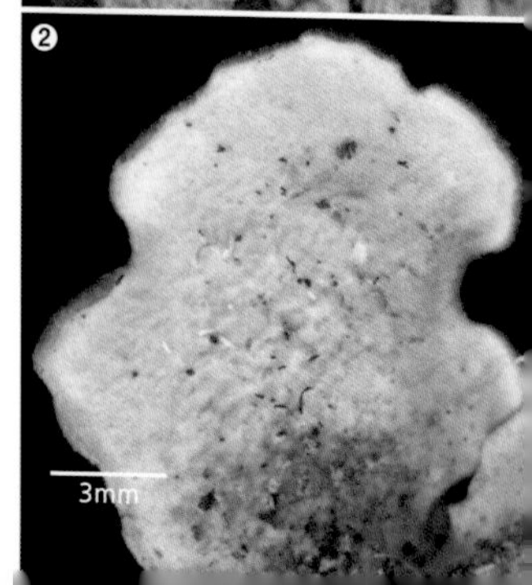

❶ 자낭반은 지의체의 윗면 전체에 고루 퍼져 생기며 진한 갈색을 띤다.
❷ 지의체 아랫면에는 연한 갈색의 토멘텀이 발달하며, 의배체가 종종 나타난다. 일자형 가근이 중심부에 주로 나타난다.

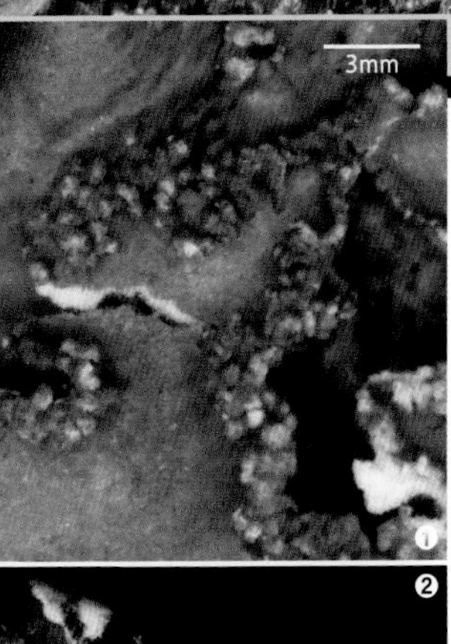

| Lobariaceae |

남빛투구지의

Lobaria isidiosa (Müll. Arg.) Vain.

생육형 생식기관 착생기물

해발 1,000m 이상 고산지대에 있는 바위나 나무의 이끼에 주로 착생하여 자라는 중형 엽상지의류로 진한 녹갈색을 띤다. 표면은 그물망모양으로 오목하게 굴곡이 진다.

❶ 지의체의 윗면은 매끄럽고 광택이 난다. 소열편이나 엽체의 가장자리를 따라 원통형 열아가 잘 발달한다.

❷ 지의체의 아랫면에는 그물망모양의 선을 따라 진한 보라색 또는 검은색 토멘텀이 밀집해 발달한다.

| Lobariaceae |

얇은투구지의

Lobaria linita (Ach.) Rabenh.

생육형 착생기물

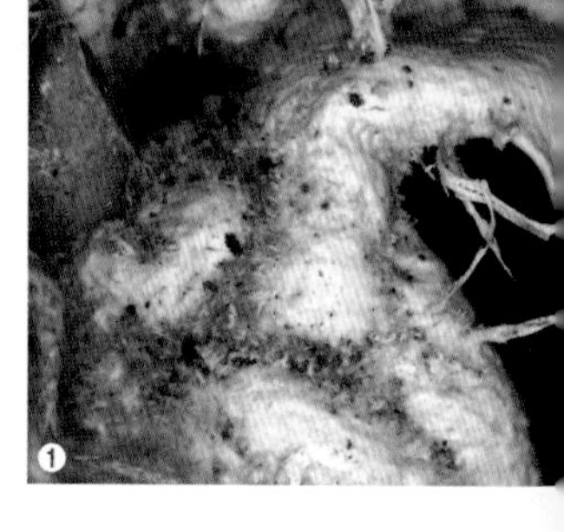

해발 1,000m 이상에서 잘 발달한 자연산림에 주로 분포한다. 수피에 착생하여 자라는 대형 지의류로 녹색 또는 노란갈색을 띤다. 윗면의 표면은 그물망모양으로 오목하게 굴곡이 진다.

❶ 지의체의 아랫면은 밝은 황갈색이고, 그물망모양의 선을 따라 갈색 토멘텀이 밀집해 발달한다. 다발모양의 갈색 가근이 잘 발달한다.

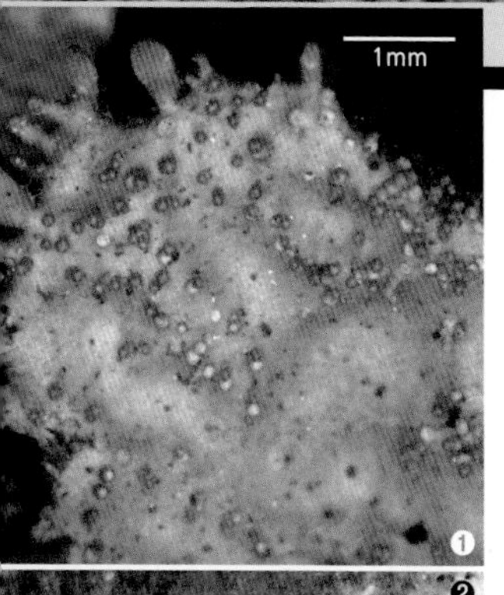

| Lobariaceae |

윤나는잎투구지의

Lobaria meridionalis Vain.

생육형 생식기관 착생기물

해발 1,000m 이상 고산지대의 수피에 주로 착생하여 자라는 중형 엽상지의류로 회녹색을 띤다. 윗면의 표면은 그물망모양으로 오목하게 굴곡지며, 그물망모양의 선을 따라 원통형 열아가 잘 발달한다. 엽체의 가장자리는 둥글고 매끄럽다.

❶ 지의체의 윗면은 약간 올록볼록하다. 엽체의 볼록한 면과 가장자리를 따라 원통형 열아가 잘 발달한다. 엽체의 가장자리를 따라 불규칙한 숟가락모양의 소열편이 잘 발달한다.

❷ 지의체의 아랫면은 황갈색이나 갈색을 띠고, 황갈색 토멘텀으로 덮여 있다. 검은색 가근을 드물게 볼 수 있다.

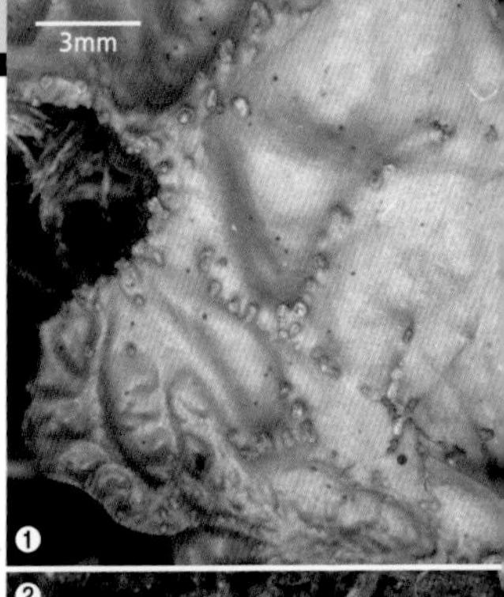

| Lobariaceae |

사슴뿔투구지의

Lobaria retigera (Bory) Trevis.

생육형 생식기관 착생기물

해발 1,000m 이상 고산지대의 바위나 나무의 이끼에 주로 착생하여 자라는 중형 엽상지의류로 진한 녹갈색을 띤다. 표면은 그물망모양으로 오목하게 굴곡이 진다.

▶ 외형적으로는 남빛투구지의(*L. isidiosa*)와 매우 유사하지만 정색반응(P-, K-)이 나타나지 않는다는 점이 다르다.

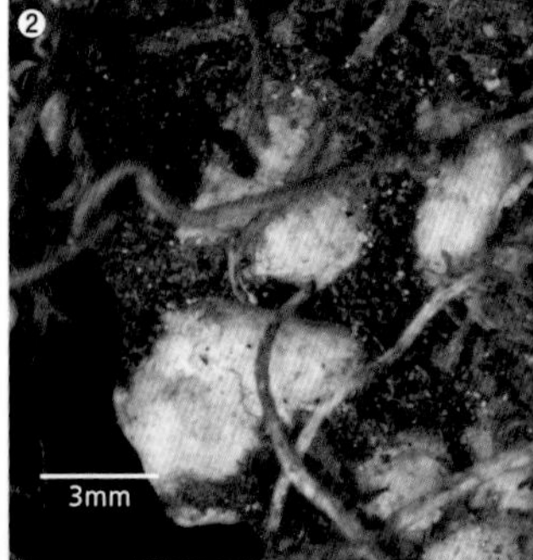

❶ 지의체의 윗면은 매끄럽고 광택이 난다. 그물망모양의 선을 따라 열아가 발달한다.

❷ 지의체의 아랫면에는 그물망모양의 선을 따라 진한 보라색 또는 검은색 토멘텀이 밀집해 발달한다.

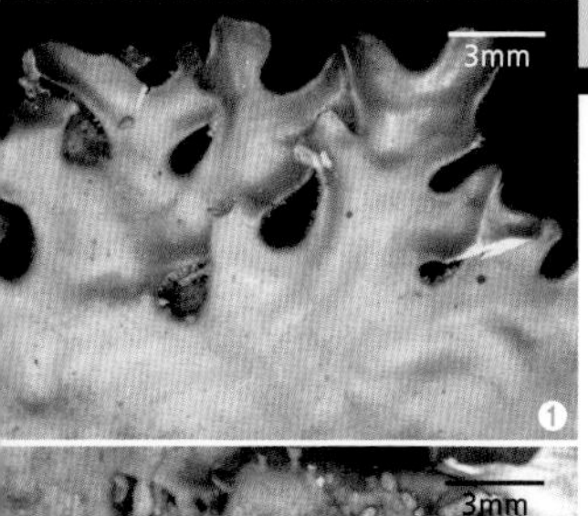

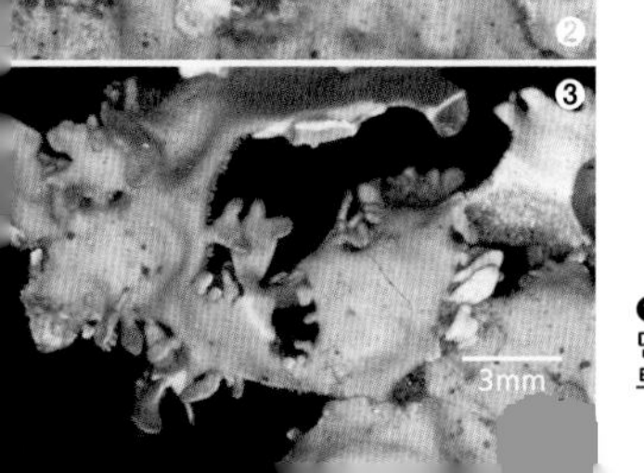

| Lobariaceae |

주걱모양투구지의

Lobaria spathulata (Inumaru) Yoshim.

생육형 생식기관 착생기물

해발 1,300m 이상에서 잘 발달한 자연산림에 주로 분포한다. 수피에 착생하여 자라는 대형 지의류로 건조 시에는 진한 갈색을, 젖은 상태에서는 진한 녹색을 띤다. 표면은 그물망모양으로 오목하게 굴곡이 진다.

❶❷❸ 지의체의 윗면은 매끄럽고 광택이 난다. 엽체의 가장자리나 표면에는 주걱모양의 소열편들이 발달한다. 지의체의 아랫면에는 검은색 토멘텀이 그물망모양의 선을 따라 발달한다.

| Lobariaceae |

유사뒷손톱지의

Nephroma helveticum Ach.

생육형 생식기관 착생기물

고산지대의 바위에 이끼와 더불어 착생하여 자라는 중소형 엽상지의류다. 건조 시에는 진한 갈색을, 젖은 상태에서는 검은 회색을 띤다. 손톱모양의 갈색 자낭반이 지의체 아랫면에 형성되는 것이 특징이다.

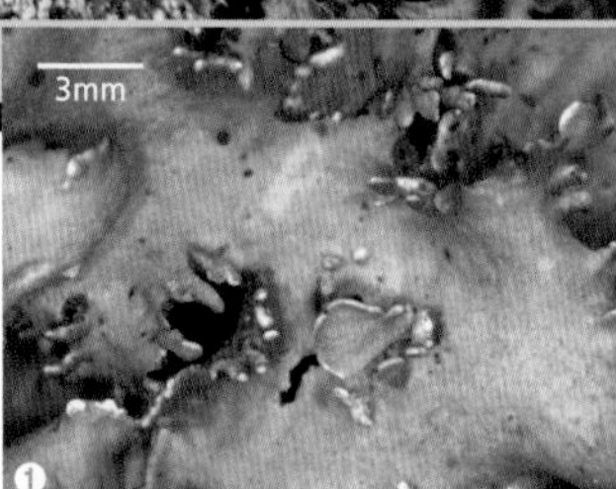

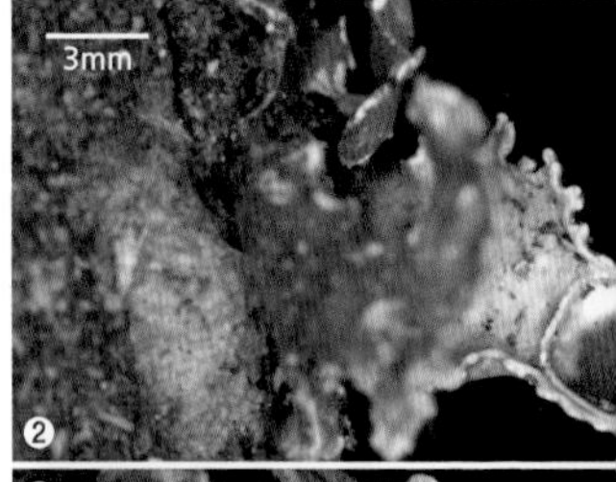

❶❷ 지의체 윗면은 매끄럽고 광택이 난다. 엽체의 표면이나 가장자리를 따라 소열편들이 잘 발달하며, 자낭반 주위에는 톱니모양의 소열편들이 있다. 지의체의 뒷면에 자낭반이 손톱모양으로 형성된다.

❸ 지의체의 뒷면에 솜털모양처럼 보이는 토멘텀이 있다.

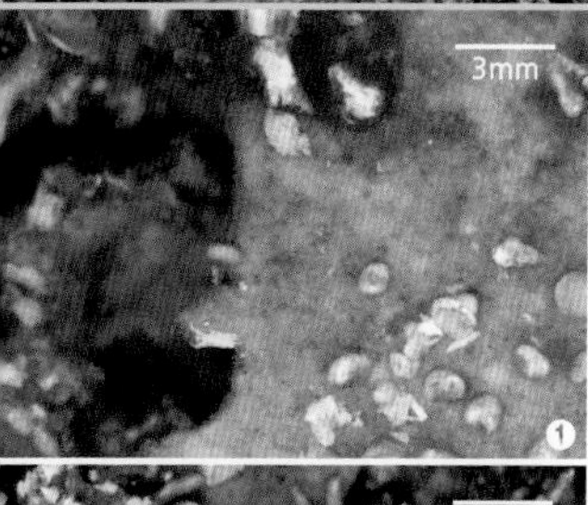

3mm
②

| Lobariaceae |

톱뒷손톱지의

Nephroma tropicum (Müll. Arg.) Zahlbr.

생육형 생식기관 착생기물

고산지대의 바위나 수피에 있는 이끼와 더불어 착생해 자라는 중소형 엽상지의류다. 건조 시에는 진한 갈색을, 젖은 상태에서는 검은 회색을 띤다. 지의체 아랫면에 손톱모양으로 갈색 자낭반이 형성되는 것이 특징이다.

❶❷❸ 외형적으로 유사뒷손톱지의(*N. helveticum*)와 매우 비슷하지만 자낭반 주위에 소열편들이 크고 또렷하게 발달되는 점이 다르다.

| Lobariaceae |

유사금테지의

Pseudocyphellaria crocata (L.) Vain.

생육형 생식기관 착생기물

해발 1,200m 이상 고산지대의 참나무에 착생하여 자라는 중형 엽상지의류로 진한 적갈색을 띤다. 지의체 표면에 노란색 반점으로 보이는 의배점이 있어 쉽게 구별할 수 있다.

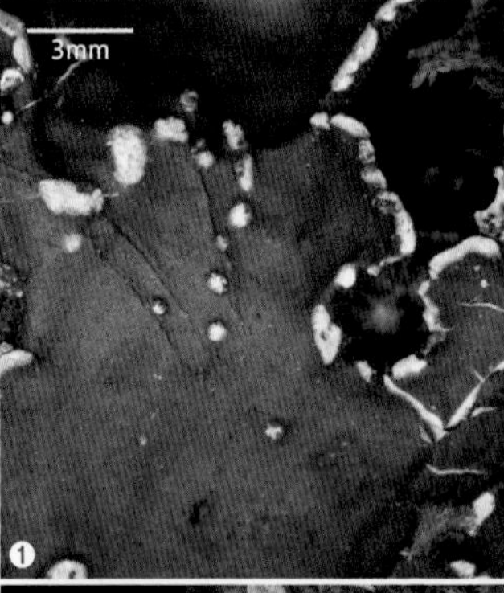

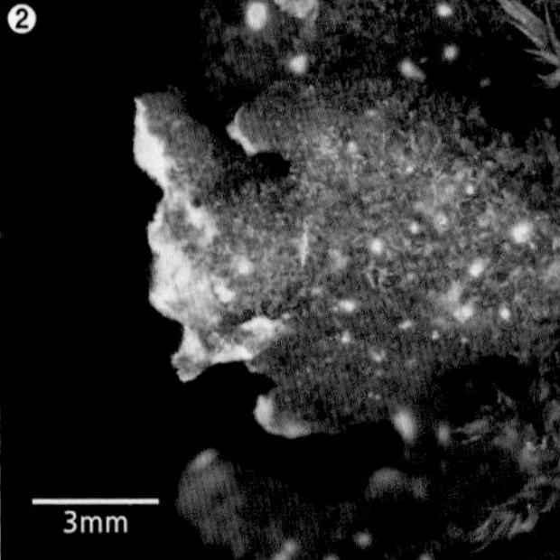

❶ 지의체의 윗면은 적갈색을 띤다. 엽체의 가장자리나 표면에는 노란색 의배점이 잘 발달한다.

❷ 지의체의 아랫면에는 흑갈색 토멘텀이 있다. 윗면과 같이 노란색 반점처럼 보이는 의배점이 잘 발달해 있다.

| Lobariaceae |

둥근잎갑옷지의

Sticta nylanderiana Zahlbr.

생육형 생식기관 착생기물

해발 1,000m 이상 고산지대의 수목에 착생하여 자라는 대형 엽상지의류다. 건조 시에는 갈색을, 젖은 상태에서는 진한 녹색을 띤다. 투구지의속 지의류와 유사하지만 아랫면에 수층까지 드러난 매우 뚜렷한 배점이 있다는 점이 다르다. 지의체 표면에 분아나 열아는 없으며 매끄럽고 주름이 있다.

❶ 지의체 윗면은 털과 같은 구조가 없이 매우 매끄럽고 광택이 난다. 선단부는 둥근 모양으로 갈색 자낭반이 잘 발달한다.

❷ 지의체의 아랫면은 수층까지 드러나며 흰색 반점모양의 뚜렷한 배점(흰색)들이 잘 발달한다. 회색 토멘텀이 밀집해 있다.

| Lobariaceae |

야타베갑옷지의

Sticta yatabeana Müll. Arg.

생육형 생식기관 착생기물

해발 1,200m 이상 고산지대의 수목에 착생하여 자라는 대형 엽상지의류다. 건조 시에는 연녹색을, 젖은 상태에서는 진한 녹색을 띤다. 지의체에 가늘고 긴 열편들이 분지되며 표면에 분아나 열아가 없다. 선단부에는 토멘텀이 아랫면에는 수층까지 드러난 매우 뚜렷한 배점이 잘 발달한다.

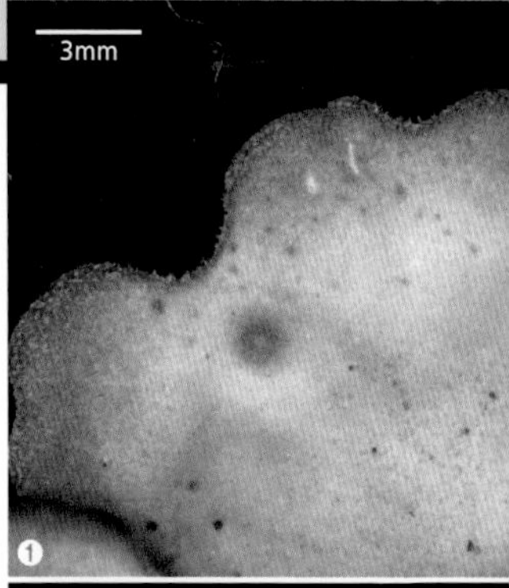

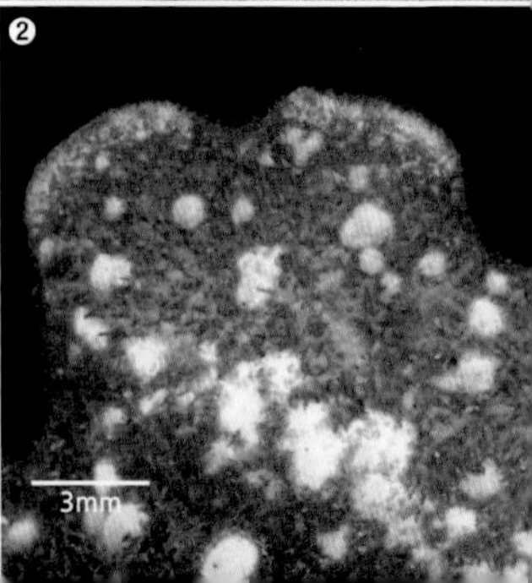

❶ 지의체의 윗면 선단부에 흰색 솜털모양의 토멘텀이 잘 발달한다.

❷ 지의체 아랫면에 갈색 토멘텀이 밀집한다. 수층까지 드러나 흰색 반점모양의 뚜렷한 배점(흰색)들이 잘 발달한다.

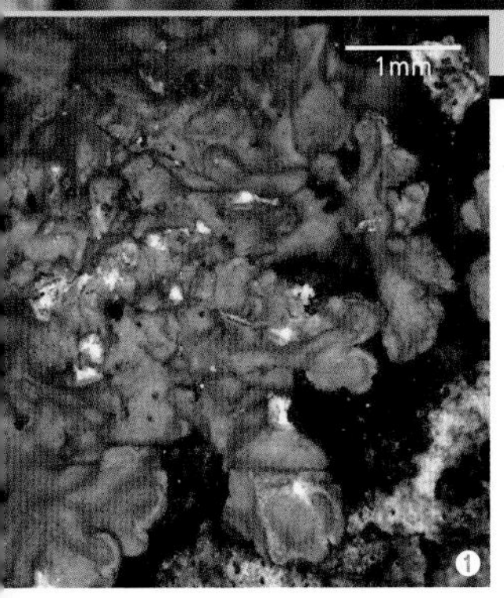

| Pannariaceae |

검은둘레꽃잎지의

Fuscopannaria laceratula (Hue) P.M. Jørg.

생육형 생식기관 착생기물

중고산지대의 수피에 서식하는 남조류 공생 소형 엽상지의류로 갈색 또는 올리브갈색을 띤다. 지의체는 비늘소엽상 또는 인편상으로 기물에 패치 형태로 착생한다. 지의체 가장자리에는 검은색 하생균실이 있다. 자낭반은 잘 안보이나 있다면 갈색이다. 자낭반 가장자리를 따라 돌기모양의 비늘소엽이 발달한다.

❶ 건조된 비늘소엽상의 지의체는 갈색이다. 지의체 가장자리를 따라 검은색 하생균실이 보인다. 자낭반은 갈색으로 가장자리에 비늘소엽이 발달한다.

작은꽃잎지의

Fuscopannaria leucosticta (Tuck.) P.M. Jørg.

생육형 생식기관 착생기물

해발 1,000m 이상 고산지대의 수피에 서식하는 남조류 공생 소형 엽상지의류로 회갈색을 띤다. 지의체는 비늘 소엽상이나 가장자리는 일반적인 엽상지의체의 소엽 형태다. 아랫면에는 갈색 또는 황갈색 토멘텀이 가장자리를 따라 잘 발달한다. 갈색 자낭반을 많이 볼 수 있다.

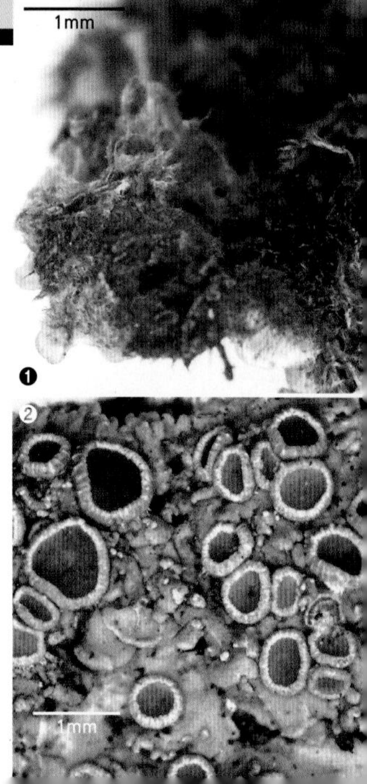

❶ 지의체의 아랫면에는 갈색 또는 황갈색 토멘텀이 잘 발달한다.
❷ 적갈색 자낭반들이 지의체 표면에 무리지어 잘 발달한다.

| Pannariaceae |

나무거죽꽃잎지의

Fuscopannaria protensa (Hue) P.M. Jørg.

생육형 생식기관 착생기물

해발 1,000m 이상 고산지대의 수피에 서식하는 남조류 공생 소형 엽상지의류로 연한 녹갈색을 띤다. 지의체의 생장은 방사형으로 이루어져 전체적으로 둥근 원형이고, 소엽들도 방사형이다. 윗면은 비늘소엽들로 덮여 표면이 울퉁불퉁하다. 자낭반은 지의체의 중심부에 밀집해 발달한다.

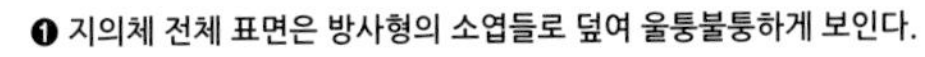

❶ 지의체 전체 표면은 방사형의 소엽들로 덮여 울퉁불퉁하게 보인다.
❷ 갈색의 자낭반 가장자리를 따라 둥근 톱니모양을 한다.

| Pannariaceae |

가루검은둘레꽃잎지의

Fuscopannaria ramulina P.M. Jørg. & Tønsberg

해발 1,000m 이상 고산지대의 수피에 서식하는 남조류 공생 소형 엽상지의류로 청회색을 띤다. 지의체는 비늘 소엽상 또는 인편상으로 기물에 패치 형태로 착생한다. 비늘소엽들은 분지되고 가장자리에는 알갱이 형태의 분아덩어리가 발달한다. 지의체 가장자리를 따라 검은색 하생균실이 나타난다. 자낭반은 갈색으로 오목하며 가장자리를 따라 분아들이 잘 발달된다.

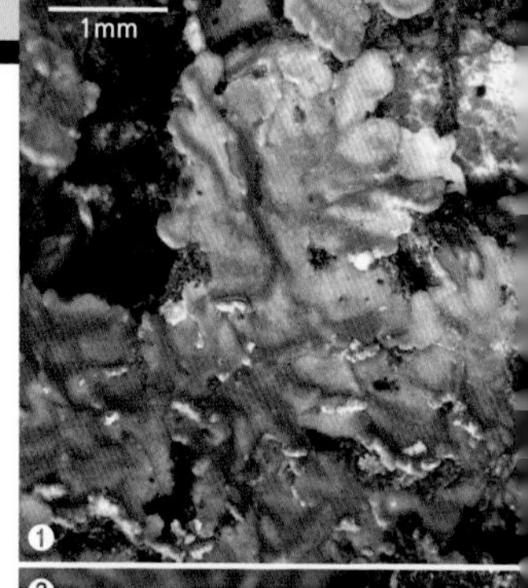

❶ 지의체의 가장자리를 따라 분아덩어리가 발달하며 검은색 하생균실이 나타난다. 비늘소엽들은 분지된다.

❷ 오목한 자낭반은 갈색이고, 가장자리를 따라 분아들이 잘 발달한다.

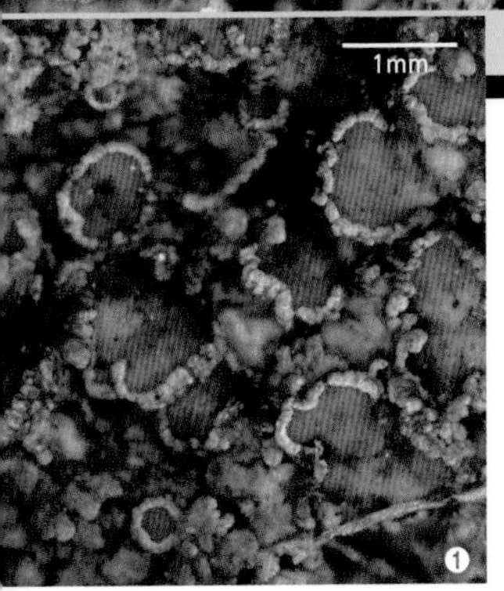

| Pannariaceae |

흰가루꽃잎지의

Pannaria asahinae P.M. Jørg.

생육형 생식기관 착생기물

해발 1,200m 이상 중고산지대의 수피에 부착하여 자라는 남조류 공생 중소형 엽상지의류로 엷은 황갈색을 띤다. 지의체는 비늘소엽으로 이루어져 있고, 소엽에 2차적으로 소열편이 겹쳐져 있고 소엽과 소열편들의 끝에 흰색 가루결정(프루이나)이 있으며 밝은 갈색의 자낭반을 종종 볼 수 있다.

❶ 자낭반은 무리지어 생성되고, 가장자리에 비늘소엽들이 있다. 비늘소엽들은 흰색 가루결정으로 덮여 있다.

| Pannariaceae |

방울꽃잎지의

Pannaria globigera Hue

생육형 생식기관 착생기물

중고산지대의 수피나 바위에 부착하여 자라는 남조류 공생 중소형 엽상지의류다. 건조 시에는 황갈색을 띠며 습한 경우에는 진한 올리브색을 띤다. 소엽의 가장자리에 소열편이 있고, 소엽과 소열편들의 끝에 흰색 가루결정(프루이나)이 있다. 자낭반은 거의 볼 수 없다.

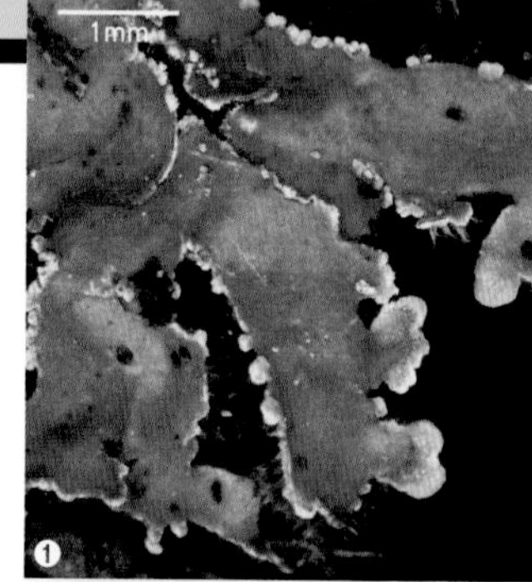

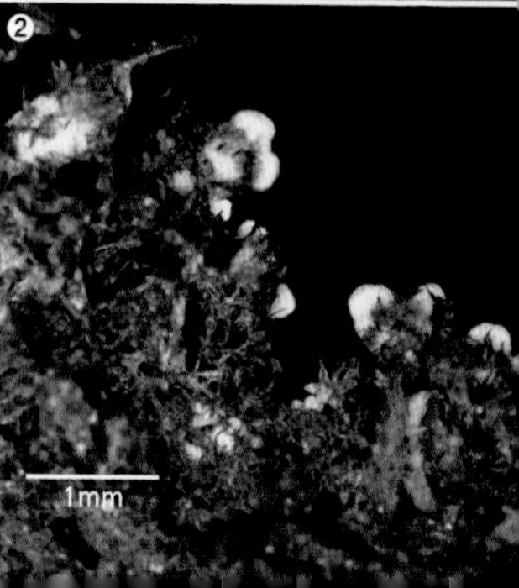

❶ 소엽의 가장자리는 평평하다. 대부분에 구형의 분아 같은 2차 소열편이 잘 발달된다. 엽체 선단에 흰색 결정을 볼 수 있다.

❷ 아랫면은 흰색 또는 노란색을 띤다. 흰색 또는 암청색 가근이 밀생하여 다발모양으로 발달한다.

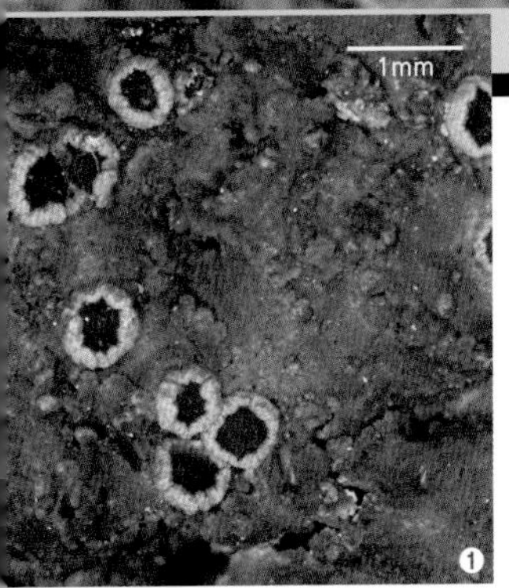

| Pannariaceae |

넓적꽃잎지의

Pannaria lurida (Mont.) Nyl.

생육형 생식기관 착생기물

중고산지대의 수피에 부착하여 자라는 중소형 엽상지의류로 회색이나 올리브갈색을 띤다. 엽체는 일반적인 엽상모양으로 끝이 살짝 들리고, 소열편은 분지되고 자낭반이 많다.

❶ 분지된 소열편에는 흰색 토멘텀이 있고, 분아는 없다. 자낭반의 가장자리는 톱니바퀴 모양을 하며 자기반은 갈색을 띤다.

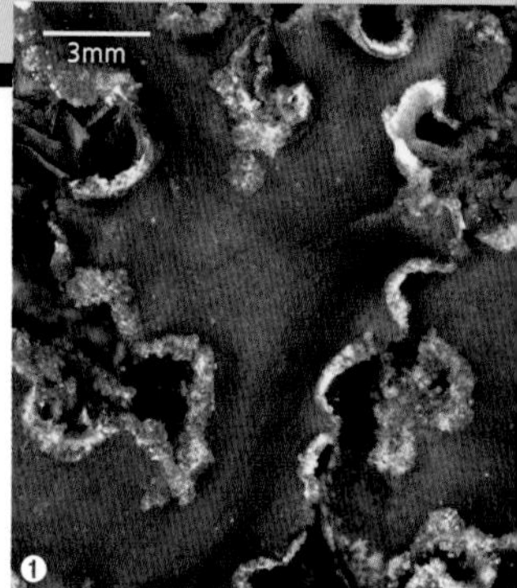

| Peltigeraceae |

방패손톱지의

Peltigera collina (Ach.) Schrad.

생육형 생식기관 착생기물

중고산지대의 바위나 나무에 주로 이끼와 더불어 자라는 남조류 공생 중대형 엽상지의류다. 건조 시에는 진한 적갈색을, 젖은 상태에서는 검은 회색을 띤다. 지의체 가장자리를 따라 흰색 분아가 아랫면에는 망상구조의 맥들이 길게 잘 발달된다.

❶ 지의체의 윗면은 매끄럽다. 가장자리를 따라 알갱이 형태의 분아가 잘 발달한다.

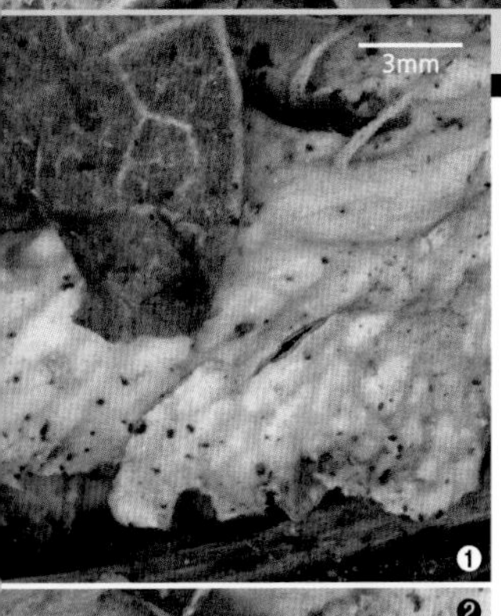

| Peltigeraceae |

맨들손톱지의

Peltigera degenii Gyeln.

생육형 생식기관 착생기물

중고산지대의 바위나 나무에 주로 이끼와 더불어 자라는 남조류 공생 중대형 엽상지의류다. 건조 시에는 진한 회갈색을, 젖은 상태에서는 검은 회색을 띤다. 지의체의 윗면에는 광택이 나고 선단부는 둥글다. 열아, 분아 및 소열편 등은 안 보인다. 아랫면에는 망상구조의 맥들이 길게 잘 발달한다.

❶❷ 지의체의 아랫면에는 연한 갈색의 맥이 잘 발달한다. 5mm 이상의 긴 가근이 있다.

| P e l t i g e r a c e a e |

평평한손톱지의

Peltigera horizontalis (Huds.) Baumg.

생육형 생식기관 착생기물

중고산지대의 바위나 나무에 주로 이끼와 더불어 자라는 남조류 공생 중대형 엽상지의류다. 건조 시에는 진한 회갈색을, 젖은 상태에서는 검은 회색을 띤다. 지의체 표면은 매끄럽고 광택이 나며, 둥글고 평평한 자낭반이 발달한다. 아랫면에는 뚜렷한 망상구조의 맥들이 길게 잘 발달한다.

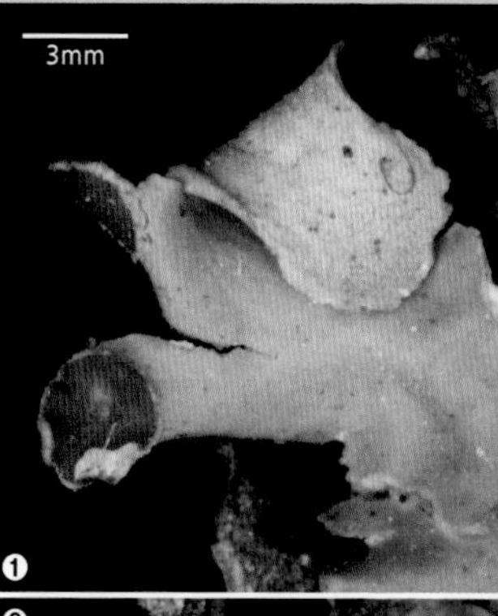

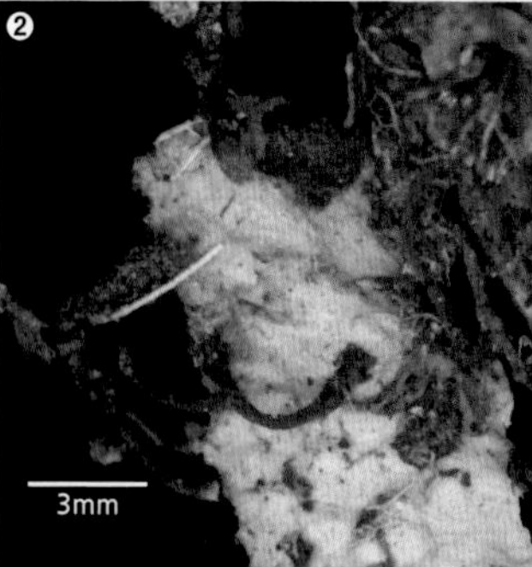

①② 자낭반은 지의체 윗면에 둥글고 평평한 모양으로 형성된다. 아랫면에는 뚜렷한 망상구조의 맥들이 길게 잘 발달한다. 가근은 검은색을 띤다.

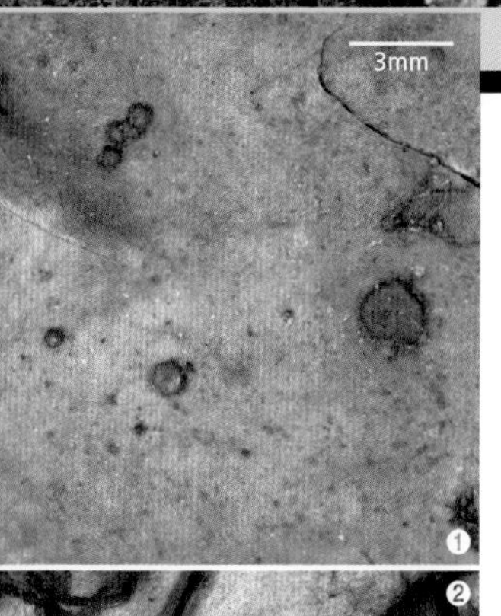

| Peltigeraceae |

줄손톱지의

Peltigera leucophlebia (Nyl.) Gyeln.

생육형 생식기관 착생기물

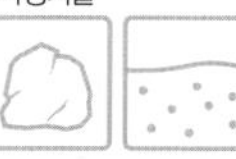

고산지대의 토양이나 바위에 이끼와 더불어 자라는 대형 엽상지의류로 녹조류와 공생한다. 건조 시에는 회색을, 젖은 상태에서는 진한 녹색을 띤다. 지의체 표면에는 남조류가 따로 모인 두상체가 검은 반점모양으로 고루 분포한다.

❶ 지의체 윗면에는 검은색 반점의 두상체가 산재한다.

❷ 지의체 아랫면에는 뚜렷한 갈색 망상구조의 맥들이 길게 잘 발달한다. 가근은 검은색을 띤다.

긴뿌리손톱지의

Peltigera neopolydactyla (Gyeln.) Gyeln.

생육형 생식기관 착생기물

중고산지대의 바위나 나무에 주로 이끼와 더불어 자라는 남조류 공생 중대형 엽상지의류다. 건조 시에는 연한 갈색을, 젖은 상태에서는 검은 회색을 띤다. 지의체 표면은 매끄럽고 광택이 나며, 말안장 모양의 자낭반이 엽체 선단부에 발달한다. 아랫면에 뚜렷한 망상구조의 맥들이 길게 잘 발달한다.

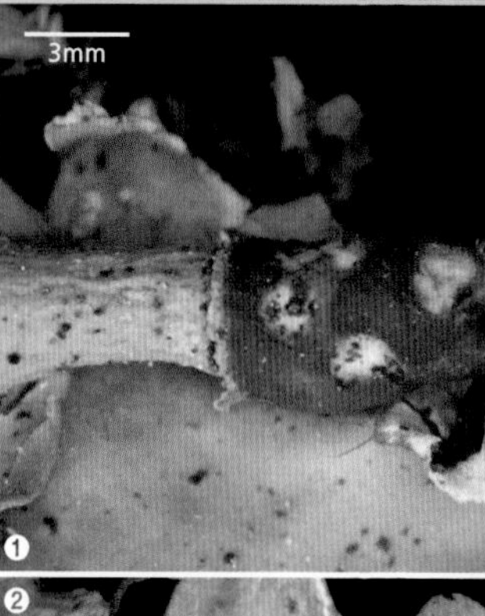

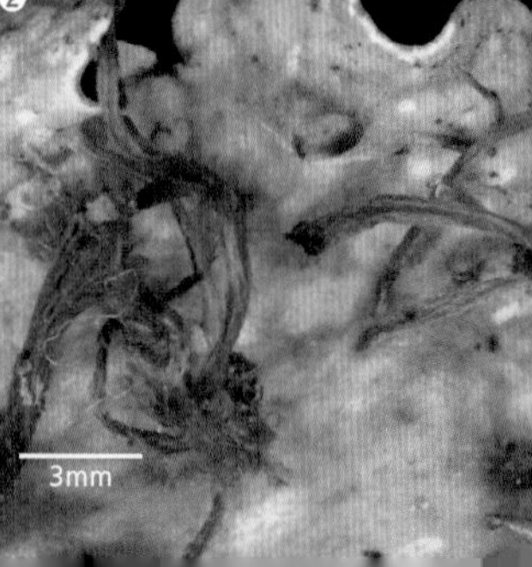

❶ 자낭반은 말안장모양으로 엽체 선단부에 발달한다.

❷ 아랫면에는 진한 회색의 망상구조 맥들이 넓게 발달한다. 붓처럼 뭉친 긴 가근들이 잘 발달한다.

| Peltigeraceae |

단풍손톱지의

Peltigera polydactylon (Neck.) Hoffm.

생육형 생식기관 착생기물

중고산지대의 바위나 나무에 주로 이끼와 더불어 자라는 남조류 공생 중대형 엽상지의류다. 건조 시에는 연한 갈색을, 젖은 상태에서는 검은 회색을 띤다. 지의체 표면은 매끄럽고 광택이 나며, 가장자리가 위로 들려 생장한다. 아랫면에는 뚜렷한 망상구조의 맥들이 길게 가근들은 5mm 이하로 짧게 발달한다.

| Peltigeraceae |

나플나플손톱지의

Peltigera praetextata (Flörke ex Sommerf.) Zopf

생육형 생식기관 착생기물

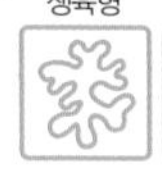

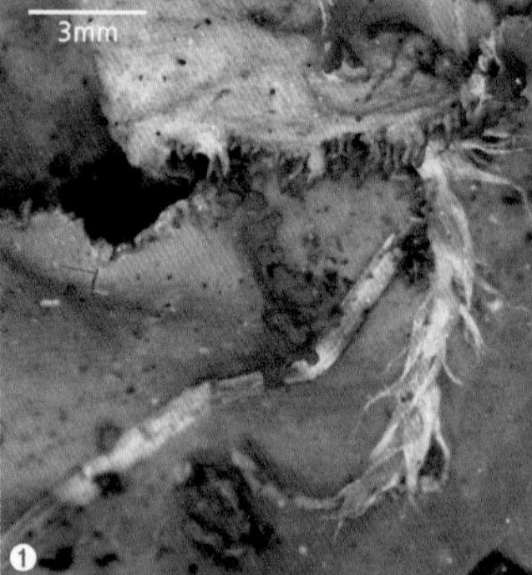

중고산지대 바위나 나무에 주로 이끼와 더불어 자라는 남조류 공생 중대형 엽상지의류다. 건조 시에는 연한 갈색을, 젖은 상태에서는 검은 회색을 띤다. 지의체 표면은 매끄럽고 소열편모양의 열아들이 잘 발달한다. 엽체의 선단부에는 흰색 실모양을 한 토멘툼들이 보이며 말안장 모양의 자낭반이 있다. 아랫면에는 뚜렷한 망상구조 맥들이 길게 잘 발달한다.

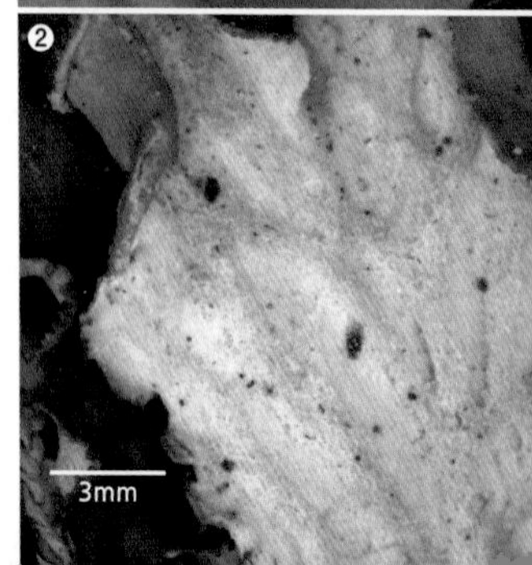

❶ 지의체의 윗면에 열아는 비늘소엽모양을 한다.
❷ 아랫면에는 옅은 갈색의 맥이 뚜렷하게 형성된다.

| Peltigeraceae |

붉은손톱지의

Peltigera rufescens (Weiss) Humb.

생육형 생식기관 착생기물

중고지대 바위에 주로 이끼와 더불어 자라는 남조류 공생 중대형 엽상 지의류다. 건조 시에는 회갈색 또는 암갈색을 띤다. 지의체의 가장자리는 아래로 말리며 흰색 토멘텀이 보인다. 소엽의 양옆으로 소열편이 아랫면에는 망상구조의 맥들이 길게 잘 발달한다. 자낭반은 거의 볼 수 없다.

| Megalosporaceae |

이끼위숯별지의

Megalospora tuberculosa (Fée) Sipman

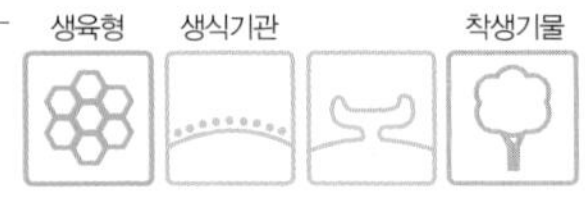

저지대에서 해발 1,600m 고산지대까지 수피에 서식하는 우리나라 어디에서나 볼 수 있는 가상지의류로 연한 회색을 띤다. 엽체의 표면에 알갱이가 가루처럼 퍼져 있으며 매끄럽고, 청흑색을 띠며 하생균실은 볼 수 없다. 지의체는 알갱이의 결합체이고, 지의체 위에 분아덩어리가 덮여 있다. 자낭반은 둥글고 평평하며, 가장자리는 지의체 색깔과 구별된다. 자기반의 지름은 0.5~2mm으로 밤갈색이며 광택이 난다.

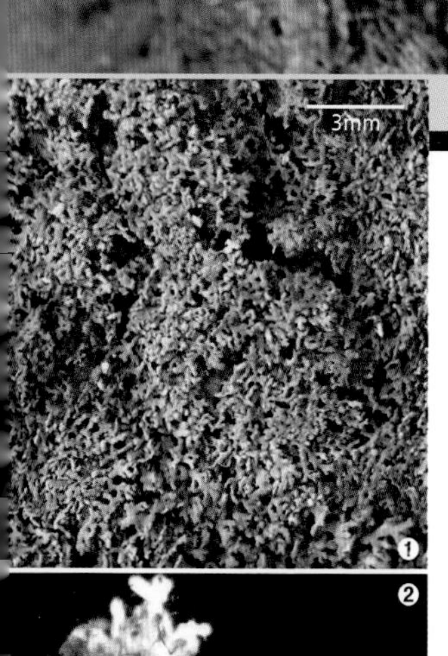

| Physciaceae |

톱니작은그리마지의

Anaptychia bryorum Poelt

생육형 생식기관 착생기물

저지대부터 고산지대까지 수피에 착생하는 중소형 엽상지의류다. 건조 시에는 회녹색을, 젖은 상태에서는 진한 녹색을 띤다. 엽체는 가늘고 길며 가장자리를 따라 소열편들이 잘 발달한다.

❶ 엽체는 가늘고 길며, 가장자리를 따라 소열편들이 잘 발달한다.

❷ 아랫면에는 피층이 있다. 가장자리는 밝은 갈색이고 중심부로 갈수록 검은색을 띤다. 가근은 일자형이거나 끝이 진한 갈색인 세척솔모양을 한다.

| Physciaceae |

돌기작은그리마지의

Anaptychia isidiata Tomin

생육형 생식기관 착생기물

저지대부터 해발 1,000m 고산지대까지 수피에 착생하여 사는 원형의 중소형 엽상지의류다. 건조 시에는 갈녹색을, 젖은 상태에서는 녹색을 띤다. 엽체는 가늘고 길며 소열편과 열아가 있다.

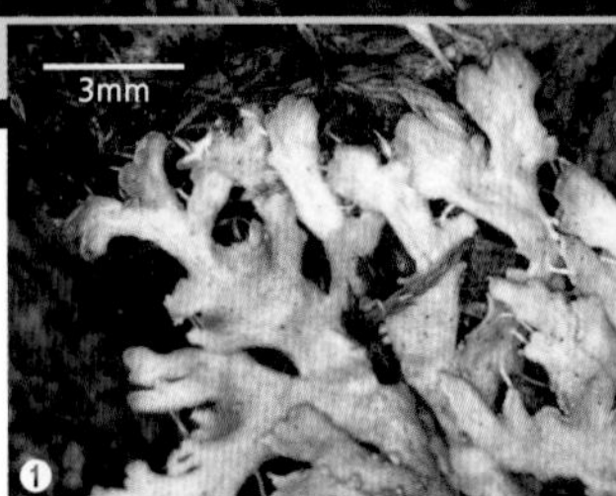

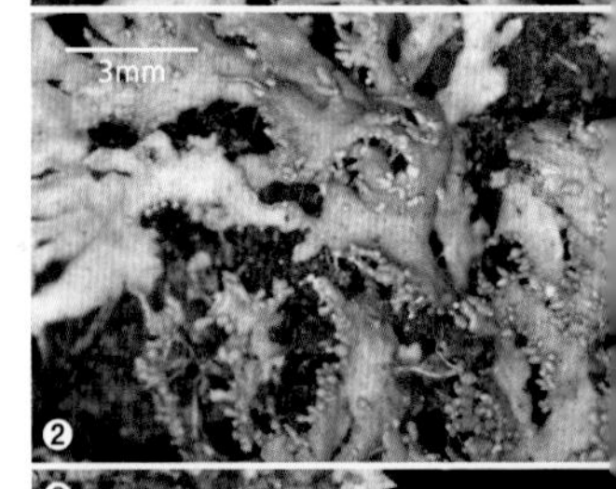

❶❷ 지의체는 평평하고 길게 잘 분지된다. 가장자리를 따라 열아와 열아 형태의 소열편이 있다.

❸ 아랫면에는 피층이 있으며 흰색을 띤다. 가근은 일자형이나 연한 갈색의 세척솔모양을 한다.

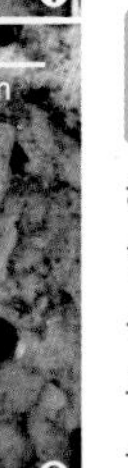

| Physciaceae |

작은그리마지의

Anaptychia palmulata (Michx.) Vain.

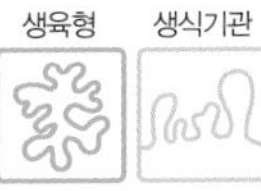

해발 400m 이상 산림지대의 수피에 착생하여 자라는 원형의 중소형 엽상지의류다. 건조 시에는 갈녹색을, 젖은 상태에서는 녹색을 띤다. 엽체는 가늘고 길며 엽체 선단부에 반짝이는 흰색 결정체(프루이나)가 있다. 소열편들은 수평적으로 뻗어 있으며 짧고, 폭은 2mm 이상으로 비교적 넓다.

❶❷ 엽체들은 잘 분지되며, 끝부분에는 흰색 결정체(프루이나)가 있어 밝게 보인다. 열편 가장자리에서 수평적으로 뻗어 나온 소열편들은 길이가 짧고, 폭은 2mm 이상으로 비교적 넓다.

❸ 아랫면에는 피층이 있고 밝은 갈색이나 흰색을 띤다. 가근은 일자형이거나 끝이 세척솔모양을 한다.

작은접시지의

Buellia badia (Fr.) A. Massal.

생육형 생식기관 착생기물

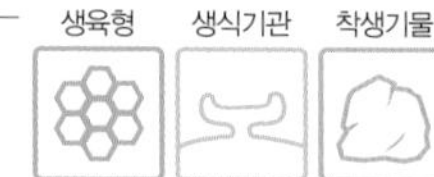

해발 200m 이하 저지대 섬지역의 바위에 자라는 가상지의류로 어두운 초콜릿 갈색을 띤다. 엽체는 두껍고 단단하게 착생해 자라며, 지름이 0.2~0.5mm이다. 광택이 없고 매끈하다. 흰색 결정은 없고 빛나는 피층이 있으며, 얇은 에피네크릴층도 있다. 수층은 흰색이며 하생균실은 볼 수 없다. 자낭반을 많이 볼 수 있으며 뚜렷하고, 지름이 0.3~0.4(0.5)mm로 원형이다. 단독 또는 무리지어 나타나며 지의체에 직접 부착되어 자란다. 자기반은 지의체와 구분된다. 검은색이며 흰색 결정이 없고, 처음에는 평면이다가 시간이 지나면서 둥글게 부풀어 오른다.

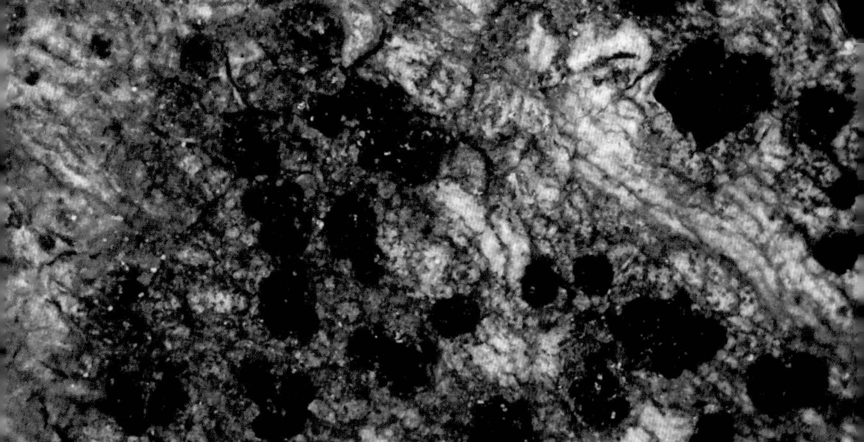

| Physciaceae |

검은작은접시지의

Buellia disciformis (Fr.) Mudd

생육형 생식기관 착생기물

해발 700m 내외의 바위에서 자라는 가상지의류로 무광 회색을 띤다. 엽체는 불규칙적으로 갈라진 금이 있는 리모스 형태와 각이 진 타일조각처럼 생장하는 아레올레 형태가 있다. 자기반은 지의체와 구분된다. 검은색이며 흰색 결정이 없고, 처음에는 평면이다가 시간이 지나면서 둥글게 부풀어 오른다.

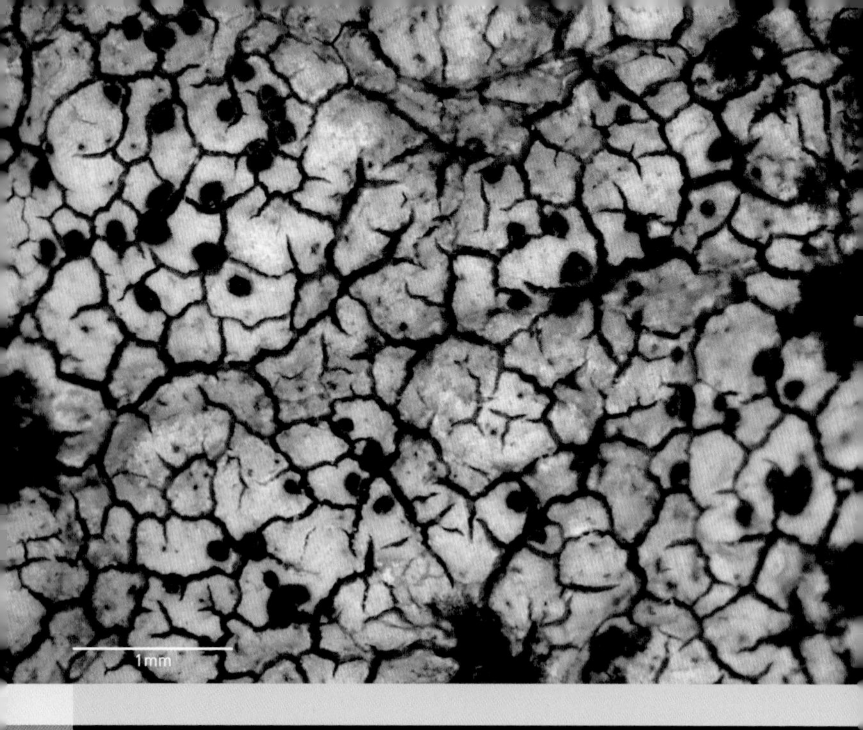

갯작은접시지의

Buellia maritima (A. Massal.) Bagl.

생육형 생식기관 착생기물

해발 10m 이하 저지대 해안지역의 바위에서 자라는 가상지의류로 연한 회색을 띤다. 엽체는 불규칙적으로 갈라진 금이 있는 리모스 형태와 각이 진 타일조각처럼 생장하는 아레올레 형태가 있다. 광택이 없으며 백악질(회백색의 연토질 석회암같은 질감)이고, 지의체 표면에서 흰색 결정을 흔히 본다. 자기반은 지의체와 구분된다. 검은색이며 흰색 결정이 없고, 처음에는 평면이다가 시간이 지나면서 둥글게 부풀어 오른다.

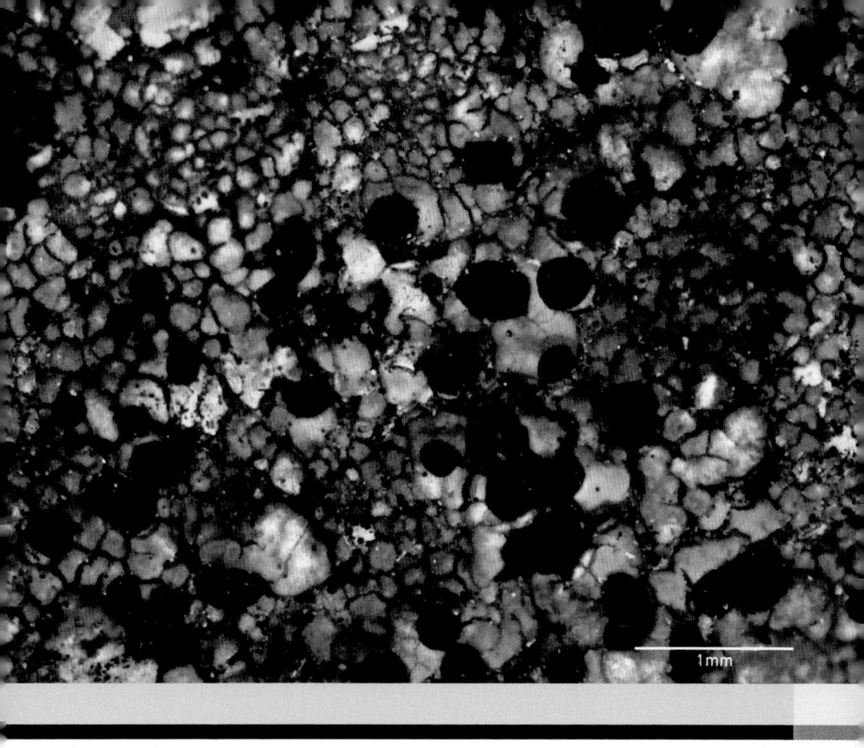

볼록작은접시지의

Buellia nashii Bungartz

생육형 생식기관 착생기물

해발 500m 중산간지역의 바위에서 자라는 가상지의류다. 엽체는 올리브갈색을 띠고 각이 진 타일처럼 생장하는 아레올레 생장형 또는 가인편상 생장형이다. 두껍고 연속적으로 생장하며, 지름이 0.2~0.5mm이다. 표면은 매끈하거나 균열이 있고, 흰색 결정은 없다. 빛나는 피층과 얇은 에피네크럴층이 있다. 자낭반이 많이 보이며 뚜렷하고, 지름은 0.4~0.6(0.7)mm로 원형이다. 단독 또는 무리지어 발달하고, 지의체에 직접 부착되어 자란다. 자기반은 엽체 표면과 구분된다. 검은색이며 흰색 결정이 없고, 처음에는 평면이다가 시간이 지나면서 둥글게 부풀어 오른다.

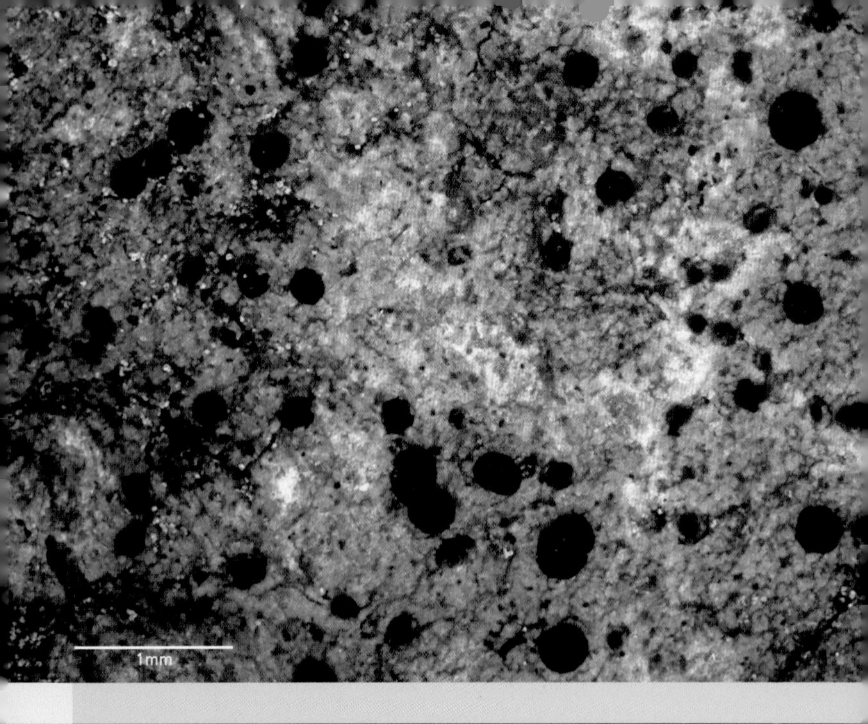

민작은접시지의

Buellia polyspora (Willey) Vain.

생육형 생식기관 착생기물

해발 100m 저지대의 자작나무나 오리나무 수피에서 주로 자라는 가상지의류로 연한 갈색 또는 회갈색을 띤다. 아주 작은 알갱이 형태나 각이 진 타일조각처럼 생장하는 아레올레 형태로 자라고 광택이 없다. 자기반은 지의체와 구분된다. 검은색이며 흰색 결정이 없고, 처음에는 평면이다가 시간이 지나면서 둥글게 부풀어 오른다.

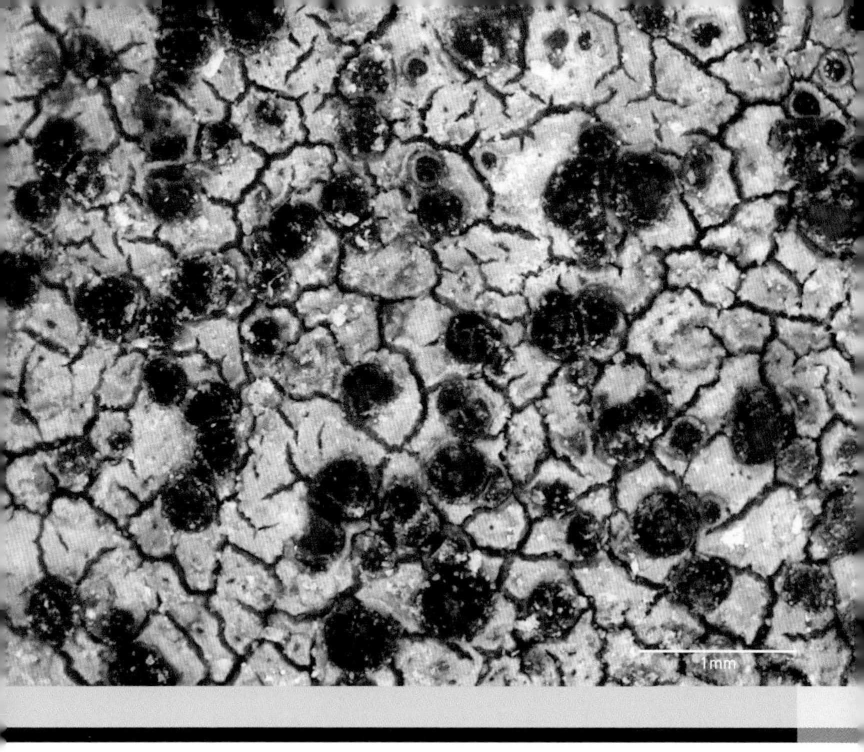

검은바탕작은접시지의

Buellia spuria (Schaer.) Anzi

생육형 생식기관 착생기물

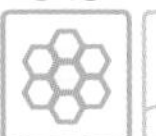

해발 10m 저지대 해안지역의 바위에 착생하여 자라는 가상지의류로 회백색 또는 어두운 갈색을 띤다. 각이 진 타일조각처럼 생장하는 아레올레 형태로 뚜렷한 검은색의 하생균실과 하생조균실이 보인다. 자기반은 지의체와 구분된다. 검은색이며 흰색 결정이 없고, 처음에는 평면이다가 시간이 지나면서 둥글게 부풀어 오른다.

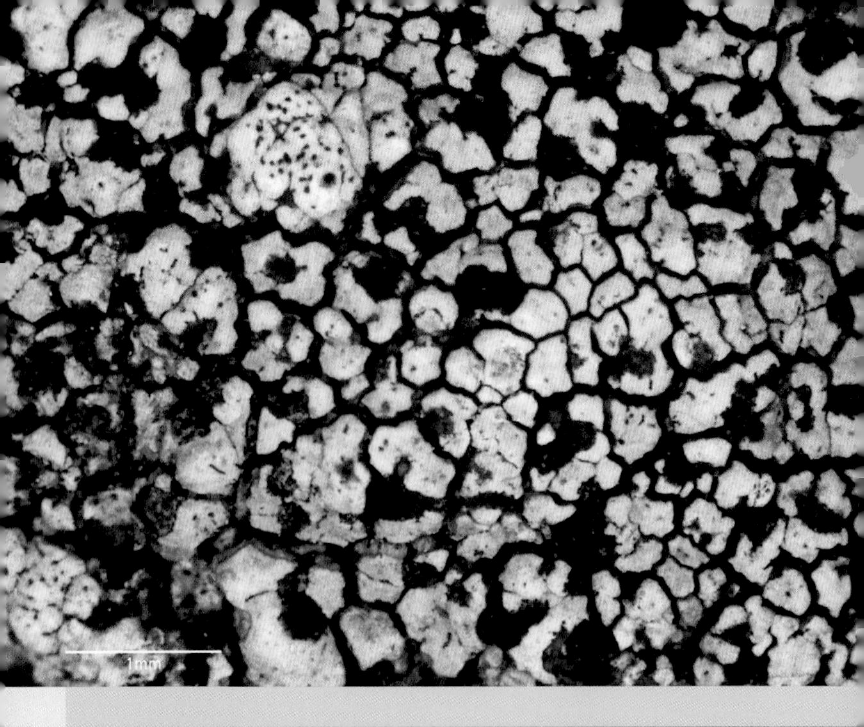

별숯검정혹지의

Buellia stellulata (Taylor) Mudd

생육형 생식기관 착생기물

해발 10m 저지대 해안지역의 바위에 착생하여 자라는 가상지의류로 회백색이나 어두운 회색을 띤다. 각이 진 타일조각처럼 생장하는 아레올레 형태로 뚜렷한 검은색의 하생균실과 하생조균실이 보인다. 자기반은 지의체와 구분된다. 검은색이며 흰색 결정이 없고, 처음에는 평면이다가 시간이 지나면서 둥글게 부풀어 오른다.

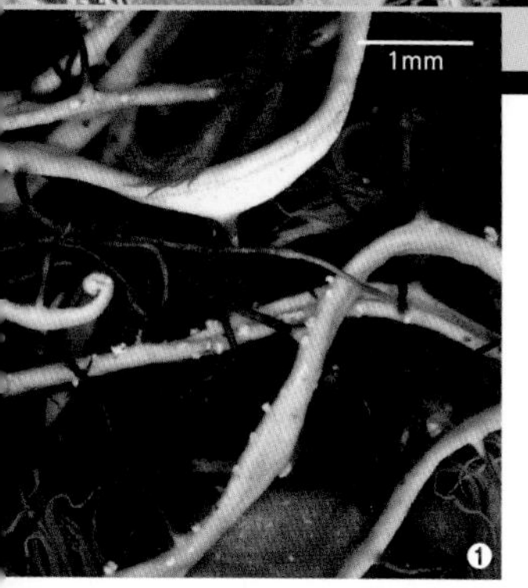

| Physciaceae |

실그리마지의

Heterodermia boryi (Fée) Kr.P. Singh & S.R. Singh

생육형 생식기관 착생기물

해발 1,500m 이상 고산지대의 바위나 이끼 위에서 자라는 중소형 엽상지의류로 흰색 또는 회색계열의 색깔을 띤다. 엽체는 매우 가늘고 길며 두 갈래로 분지된다. 윗면에 분아가 있고 아랫면의 가장자리에 검은색 가근이 길게 발달한다.

❶ 가늘고 긴 엽체는 두 갈래로 분지되며 분아가 있다. 가장자리에 검은색 가근이 길게 발달한다.

가죽그리마지의

Heterodermia diademata (Taylor) D.D. Awasthi

생육형 생식기관 착생기물

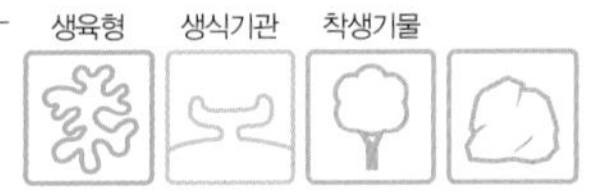

저지대 바닷가에서 해발 1,600m 고산지대까지 다양한 고도의 수피나 바위에서 자라는 중소형 엽상지의류로 메탈 회색 또는 연한 녹색을 띤다. 소엽은 가늘고 길며 불규칙하게 분지된다. 진한 갈색의 자낭반을 종종 볼 수 있다.

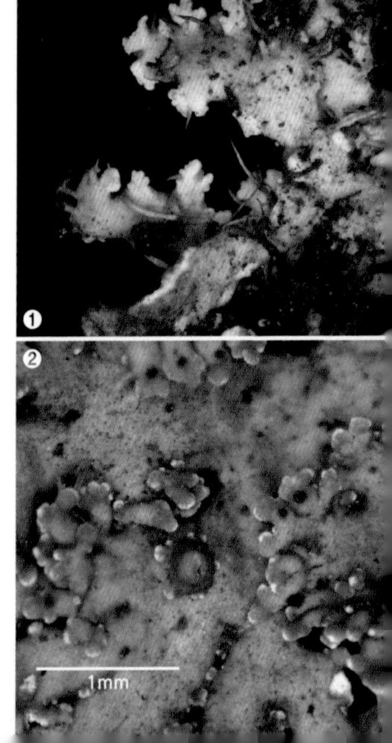

❶ 아랫면은 밝은 갈색이다. 가근은 황갈색이고 소엽의 가장자리를 따라 발달한다.

❷ 자낭반의 가장자리를 따라 소열편이 발달한다.

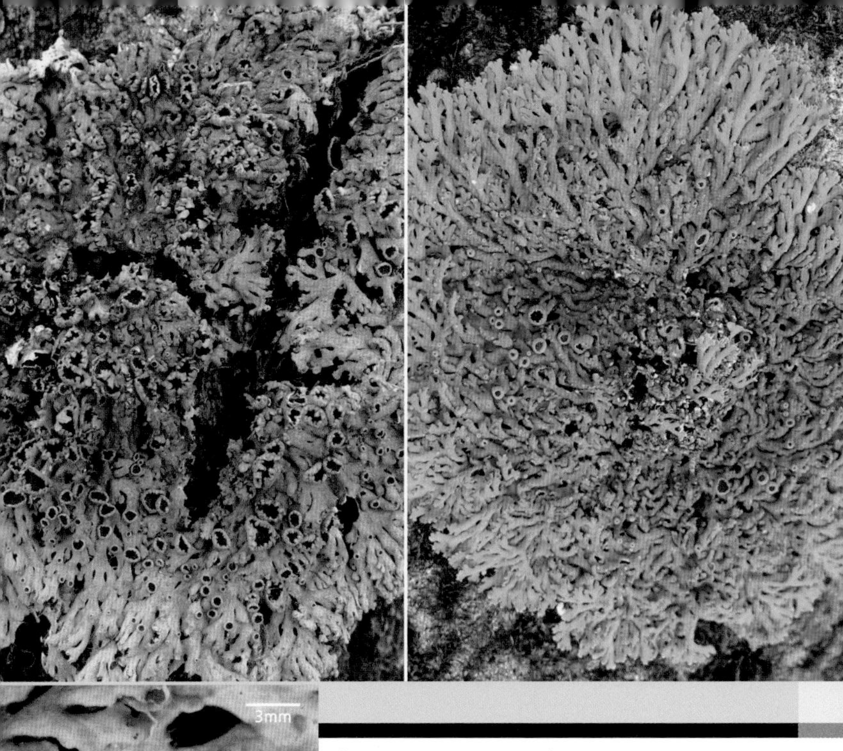

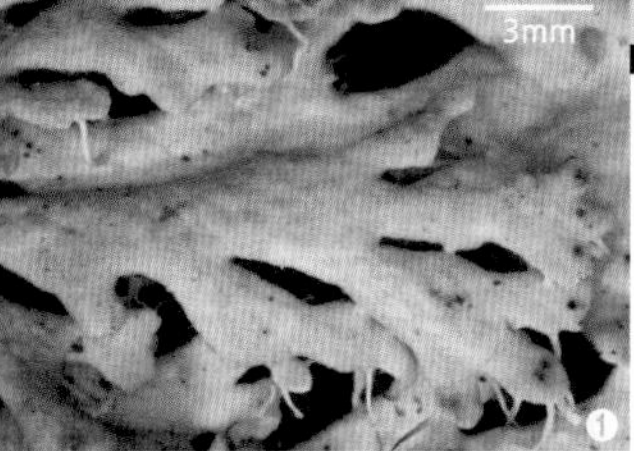

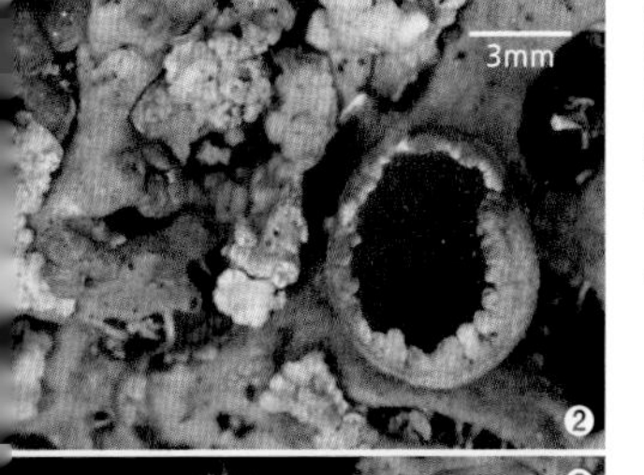

| Physciaceae |

흰배면그리마지의

Heterodermia hypoleuca (Muhl.) Trevis.

생육형 생식기관 착생기물

중고산지대의 참나무 기둥이나 가지에 부착하여 자라는 원형의 중형 엽상지의류다. 엽체의 가장자리는 연한 회색을 중심부는 진한 회녹색을 띤다.

❶❷ 지의체의 중심부에서 바깥쪽으로 방사형처럼 뻗어 나간다. 가장자리는 손가락모양으로 잘 분지된다. 지의체의 중심부에서 대형 자낭반들을 많이 볼 수 있다.

❸ 아랫면은 피층 없이 수층이 노출된 것처럼 흰색을 띤다. 엽체의 가장자리를 따라 긴 가근이 잘 발달된다. 가근의 끝으로 갈수록 진한 갈색이며, 가는 잔뿌리가 세척솔모양으로 잘 발달된다.

돌기그리마지의

Heterodermia isidiophora (Nyl.) D.D. Awasthi

생육형 생식기관 착생기물

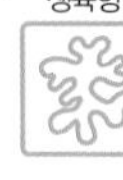

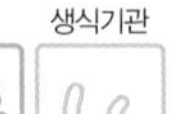

해발 100m 저지대에서 1,400m 고산지대까지 다양한 고도의 수피나 바위에서 자라는 중소형 엽상지의류로 건조 시에는 갈색 또는 연한 회색을 띤다. 소엽은 가늘고 길며 불규칙적으로 분지한다. 윗면에는 열아와 소열편이 아랫면에는 가장자리를 따라 황갈색 가근이 발달한다.

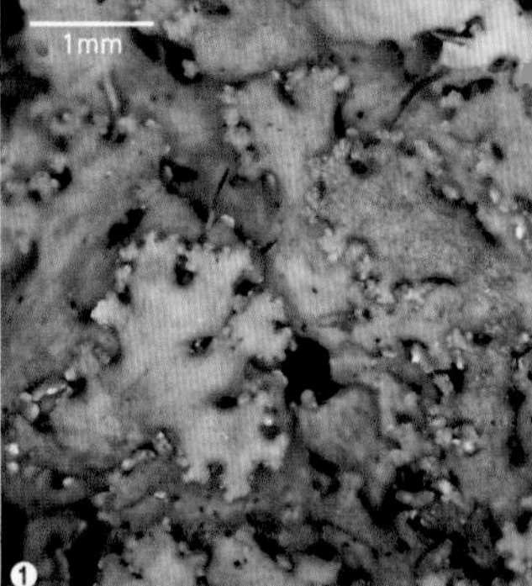

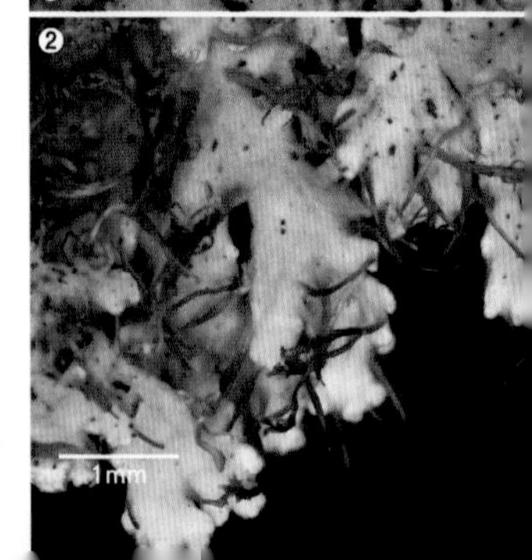

❶ 윗면의 가장자리에 가늘고 긴 열아가 있으며, 열아 형태의 소열편이 있다.

❷ 아랫면은 밝은 갈색을 띠고 중심부로 갈수록 어두운색을 띤다. 황갈색 가근이 가장자리를 따라 발달한다.

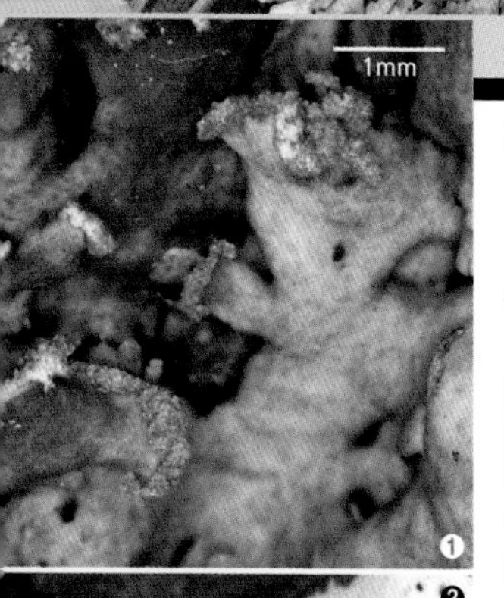

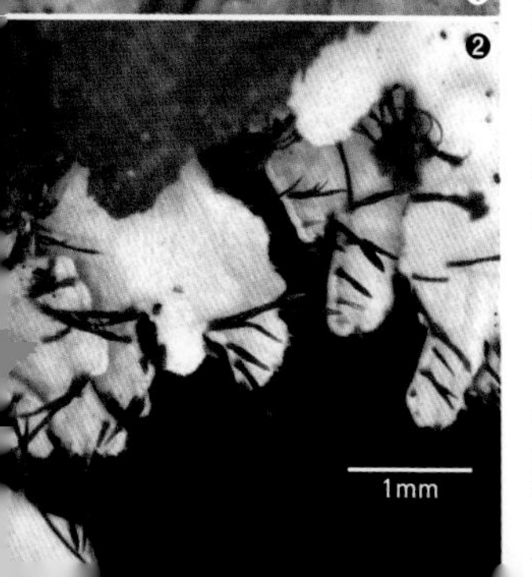

| Physciaceae |

검은발그리마지의

Heterodermia japonica (M. Satô) Swinscow & Krog

생육형 생식기관 착생기물

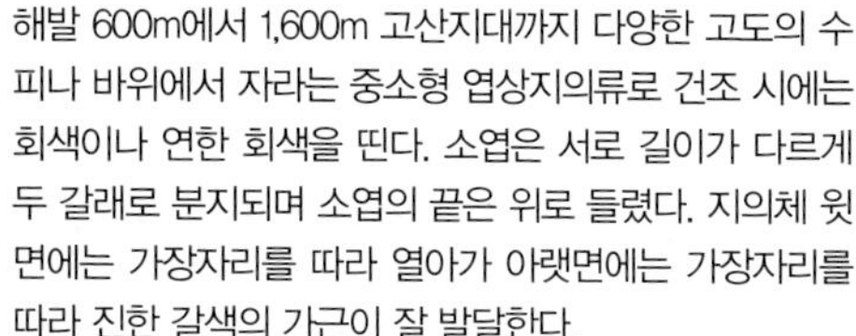

해발 600m에서 1,600m 고산지대까지 다양한 고도의 수피나 바위에서 자라는 중소형 엽상지의류로 건조 시에는 회색이나 연한 회색을 띤다. 소엽은 서로 길이가 다르게 두 갈래로 분지되며 소엽의 끝은 위로 들렸다. 지의체 윗면에는 가장자리를 따라 열아가 아랫면에는 가장자리를 따라 진한 갈색의 가근이 잘 발달한다.

❶ 지의체의 윗면 가장자리를 따라 입술처럼 생긴 열아가 잘 발달한다.

❷ 아랫면은 흰색을 중심부로 갈수록 검은색을 띤다. 진한 갈색 또는 검은색 가근이 가장자리를 따라 잘 발달한다.

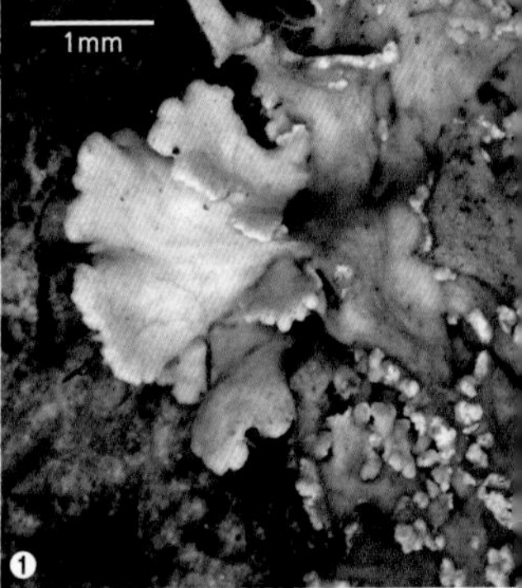

| Physciaceae |

작은돌기그리마지의

Heterodermia microphylla (Kurok.) Skorepa

생육형 생식기관 착생기물

해발 200m 저지대에서 1,600m 고산지대까지 다양한 고도의 수피나 바위에서 자라는 중소형 엽상지의류로 광택이 있는 연한 회색을 띤다. 소엽은 두 갈래로 분지되며 소엽의 끝은 위로 들린다. 지의체 윗면에는 가장자리를 따라 둥근 알갱이모양의 소열편이 아랫면에는 가장자리를 따라 황갈색 가근이 발달한다.

❶ 지의체의 윗면 가장자리는 위로 들리며 소열편이 잘 발달한다. 소열편의 가장자리에는 작은 알갱이모양들이 잘 발달한다.

❷ 아랫면은 흰색을 띠고, 황갈색 가근이 가장자리를 따라 발달한다.

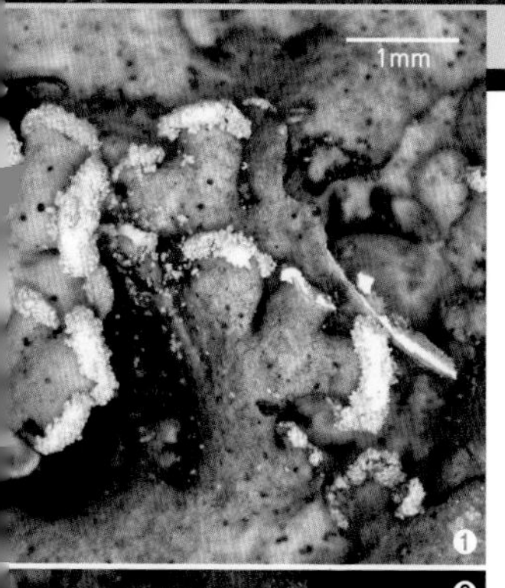

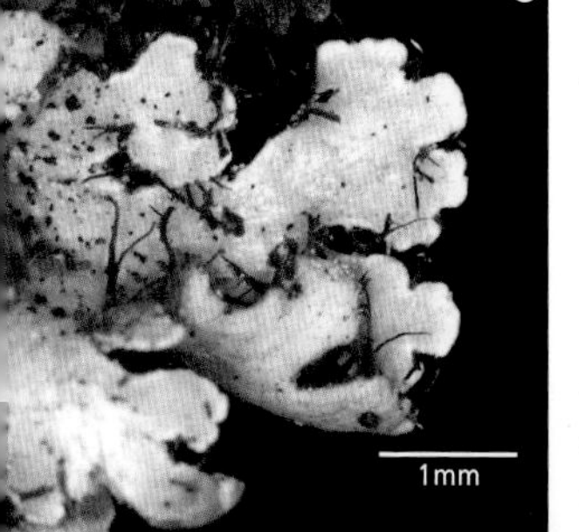

| Physciaceae |

노란배그리마지의

Heterodermia obscurata (Nyl.) Trevis.

생육형 생식기관 착생기물

해발 10m 저지대 바닷가에서 1,600m 고산지대까지 다양한 고도의 수피나 바위에서 자라는 중소형 엽상지의류로 건조 시에는 회색이나 청회색을 띤다. 소엽은 평평하고, 소엽의 끝이 위로 들리지 않으며 가장자리를 따라 분아괴가 잘 발달한다. 아랫면은 주황색 또는 흰색을 띠며 가장자리를 따라 검은색 가근이 발달한다.

❶ 수층은 주황색 또는 흰색을 띤다.

❷ 아랫면은 주황색 또는 흰색을 띠고, 검은색 가근이 가장자리를 따라 잘 발달한다. 지의체 가장자리를 따라 알갱이 형태의 분아가 잘 발달한다.

산그리마지의

Heterodermia pseudospeciosa (Kurok.) W.L. Culb.

생육형 생식기관 착생기물

해발 1,000m 이하 지대의 수피나 바위에서 자라는 중소형 엽상지의류로 광택이 나고 연한 회색을 띤다. 소엽은 가늘고 길며 불규칙적으로 분지된다. 윗면에는 소열편이 잘 발달되며, 아랫면의 가장자리에는 분아와 검은색 가근이 짧게 자라난다.

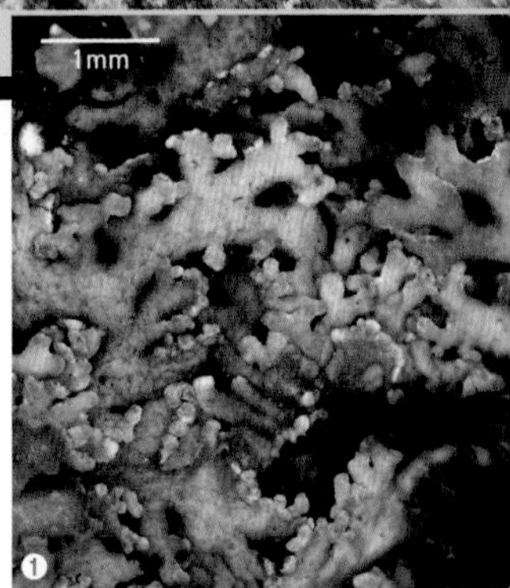

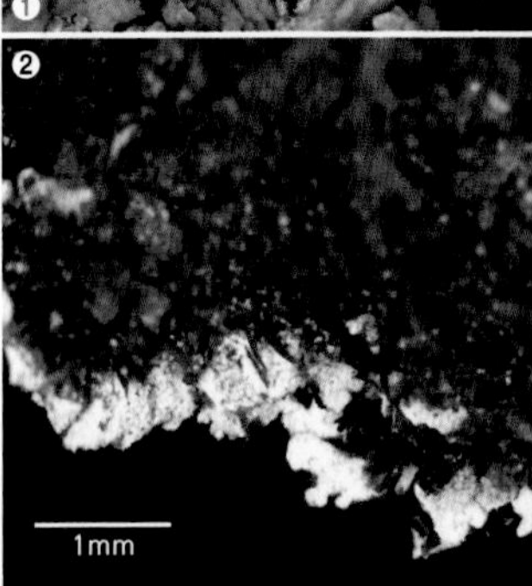

❶ 지의체의 윗면 가장자리를 따라 소열편이 발달하며, 가장자리를 따라 알갱이 형태의 분아가 있다.

❷ 아랫면은 밝은 갈색을 띠고, 검은색 가근이 가장자리를 따라 잘 발달한다.

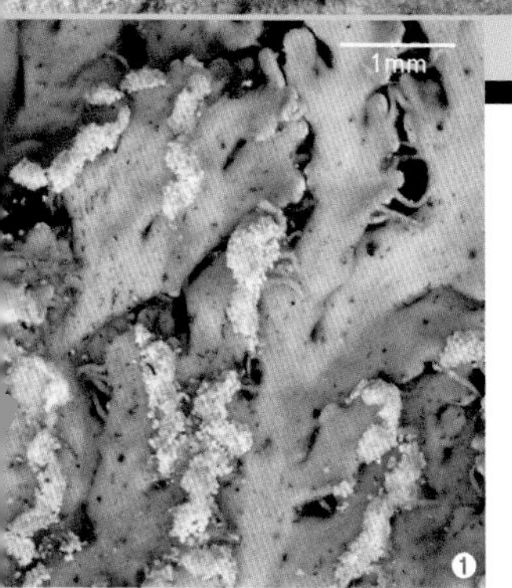

| Physciaceae |

유사산그리마지의

Heterodermia speciosa (Wulfen) Trevis.

생육형 생식기관 착생기물

해발 400~1,000m 이하 지대의 수피나 바위에서 자라는 중소형 엽상지의류로 광택이 나는 회갈색을 띤다. 소엽은 가늘고 길며 소엽의 끝이 들린다. 지의체 가장자리를 따라 분아와 가근이 발달한다.

❶ 아랫면은 밝은 갈색을 띠고, 황갈색 가근이 가장자리를 따라 분포한다. 분아가 있으며, 입술모양의 분아덩어리를 형성한다.

꼬마지네지의

Hyperphyscia adglutinata (Flörke) H. Mayrhofer & Poelt

해발 100m 이하 저지대의 수피에 서식하는 소형 엽상지의류로 갈녹색을 띤다. 엽체는 0.2~0.5mm로 좁으며 분아가 있고, 수층은 흰색이다. 아랫면은 연한 노란색으로 짧은 가근이 발달한다. 자낭반은 볼 수 없고, 분생자각도 거의 안 보인다.

흰배지네지의

Hyperphyscia crocata Kashiw.

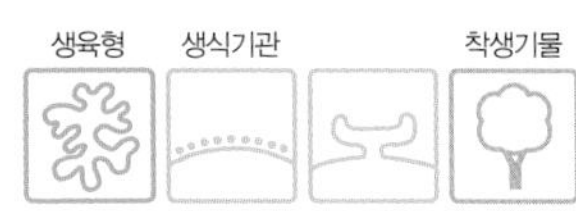

해발 100m 이하 저지대의 수피에 서식하는 소형 엽상지의류로 녹회색을 띤다. 엽체는 0.5~1.3mm로 분아가 있고, 수층은 주황색이며 부분적으로 흰색을 띤다. 아랫면은 황갈색이나 암갈색이고 짧은 가근이 발달한다. 자낭반을 종종 볼 수 있으며, 분생자각은 지의체에 함몰된다.

| Physciaceae |

과립지네지의

Phaeophyscia adiastola (Essl.) Essl.

저지대부터 고지대까지 수피에 착생하여 자라는 원형의 중형 엽상지의류로 갈색 또는 회녹색을 띤다. 엽체는 가늘고 짧은 편(3mm 이하)이다. 엽체의 가장자리나 선단부에는 알갱이모양을 한 분아가 발달한다.

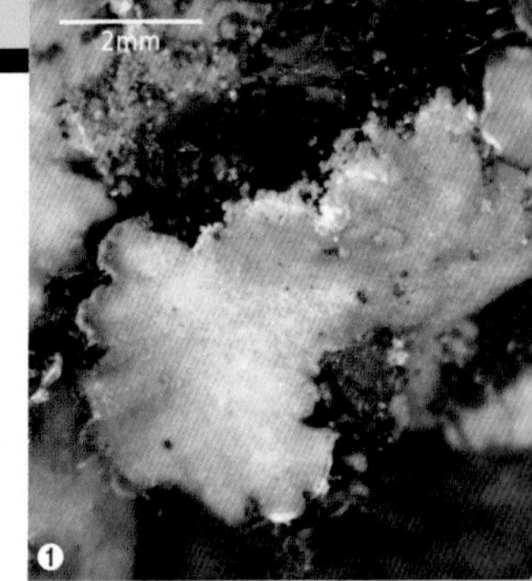

❶ 지의체의 윗면은 광택이 난다. 가장자리나 선단부에는 거친 알갱이 모양의 분아가 발달한다.

❷ 지의체의 아랫면은 검은색이며, 끝이 흰색인 검은색 가근이 전체에 밀집한다.

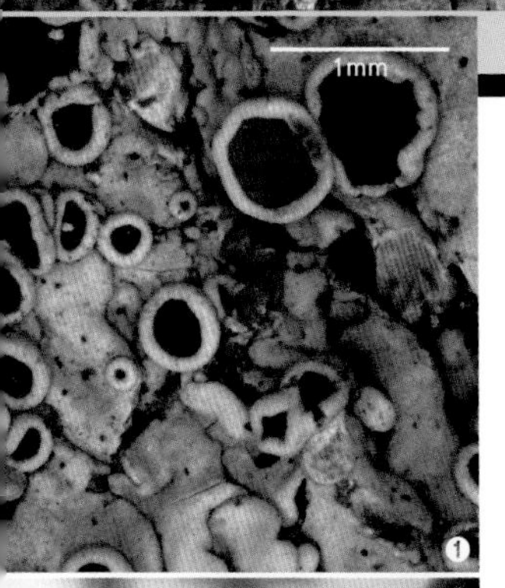

| Physciaceae |

붉은속지네지의

Phaeophyscia endococcinodes (Poelt) Essl.

생육형 생식기관 착생기물

해발 1,000m 이상 고지대의 수피나 바위에 주로 착생하여 자라는 원형의 소형 엽상지의류로 녹색이나 갈회색을 띤다. 소엽은 불규칙하게 분지된다. 윗면은 광택이 나고 평평하며, 수층은 주황색이다. 아랫면은 검은색이고 가장자리는 황갈색을 띤다. 짧은 가근이 무성히 잘 발달하고, 사마귀모양으로 튀어나온 파피레가 있다. 컵모양의 진갈색 자낭반을 많이 볼 수 있다.

❶ 수층은 주황색이고, 컵모양을 한 자낭반의 자기반은 어두운 갈색이다. 가장자리는 매끈하다.

❷ 지의체의 아랫면은 검은색을 띤 가근이 무성히 잘 발달한다. 끝은 흰색이고 분지되지 않았으며 사마귀모양의 파피레를 종종 볼 수 있다.

| Physciaceae |

작은돌기지네지의

Phaeophyscia exornatula (Zahlbr.) *Kashiw.*

생육형 생식기관 착생기물

저지대에서부터 고지대까지 어디에서나 쉽게 볼 수 있다. 수피나 바위에 착생하여 자라는 원형의 중소형 엽상지의류로 녹회색을 띤다. 소엽은 불규칙하게 분지되며 가장자리에 소열편이 밀생해 자란다. 아랫면은 검정색이고 가장자리는 황갈색을 띠고, 가근과 사마귀모양으로 튀어나온 파피레가 있다. 컵모양의 자낭반을 많이 볼 수 있다.

❶ 소엽의 가장자리에 있는 소열편이 밀생해 군집을 이룬다.

| Physciaceae |

흰털지네지의

Phaeophyscia hirtuosa (Kremp.) *Essl.*

생육형 생식기관 착생기물

중고산지대의 수피나 바위에 착생하여 자라는 원형의 중소형 엽상지의류다. 건조 시에는 암회색을 띠며 습한 경우에는 진한 녹색을 띤다. 소엽은 두 갈래나 불규칙하게 분지된다. 윗면에는 매큐라가 가장자리에는 흰색 솜털이 있다. 아랫면은 검은색이고 가장자리는 황갈색을 띠며, 가근이 잘 발달되어 있다. 컵모양의 자낭반을 많이 볼 수 있다.

| Physciaceae |

가루지네지의

Phaeophyscia hispidula (Ach.) Essl.

생육형 생식기관 착생기물

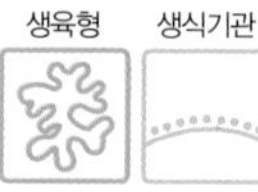

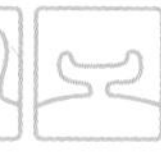

저지대부터 고산지대까지 어디에서나 쉽게 볼 수 있다. 수피나 바위에 착생하여 자라는 원형의 중형 엽상지의류로 회갈색을 띤다. 소엽은 두 갈래나 불규칙하게 분지되며 끝이 들린다. 분아와 소열편이 있고, 아랫면은 검은색으로 비교적 긴 검은색 가근이 가장자리를 따라 잘 발달한다. 컵모양의 자낭반을 많이 보이며 간혹 자낭반 가장자리에 소열편이 나타나기도 한다.

| Physciaceae |

검은배지네지의

Phaeophyscia limbata (Poelt) Kashiw.

생육형 생식기관 착생기물

중고산지대의 수피나 바위에 착생하여 자라는 원형의 소형 엽상지의류로 녹회색이나 갈색을 띤다. 소엽은 불규칙하게 분지되며 끝이 약간 들린다. 분아가 있고, 아랫면은 검은색이고 가장자리는 황갈색을 띤다. 가근이 잘 발달하며 컵모양의 자낭반을 거의 볼 수 없다.

| Physciaceae |

갯지네지의

Phaeophyscia primaria (Poelt) Trass

생육형 착생기물

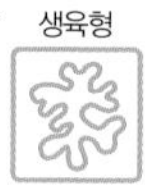

섬지역 바닷가 바위에 주로 착생하여 자라는 소형 엽상지의류로 녹색이나 밝은 갈회색을 띤다. 소엽은 불규칙하게 분지되고 끝이 약간 들린다. 아랫면은 검은색이고 가장자리는 황갈색을 띠며, 가근이 잘 발달한다. 컵모양의 자낭반을 거의 볼 수 없다.

▶ **검은배지네지의(*P. limbata*), 작은돌기지네지의(*P. exornatula*), 가루지네지의(*P. hispidula*) 종들과 형태적으로 비슷하지만, 갯지네지의는 분아와 소열편이 없는 것이 특징이다.**

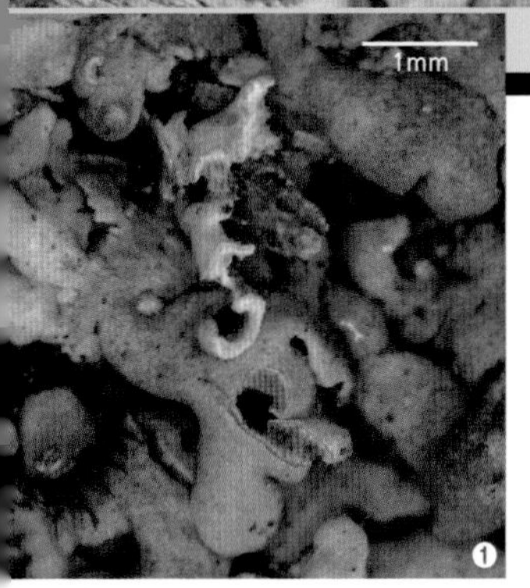

| Physciaceae |

붉은속주름지네지의

Phaeophyscia pyrrhophora (Poelt) D.D. Awasthi & M. Joshi

생육형 생식기관 착생기물

중고산지대의 수피에 착생하여 자라는 원형의 중형 엽상 지의류로 녹회색이나 갈회색을 띤다. 소엽은 불규칙하게 분지되고 비교적 짧고 오목하다. 분아, 열아 및 소열편이 약간씩 있다. 수층은 주황색, 아랫면은 검은색, 가장자리는 황갈색이다. 가근이 있고 자낭반은 컵모양으로 거의 없다.

❶ 수층은 주황색이다.

| Physciaceae |

분말붉은지네지의

Phaeophyscia rubropulchra (Degel.) Moberg

생육형 생식기관 착생기물

중고산지대의 수피나 바위에 착생하여 자라는 원형의 소형 엽상지의류로 녹회색을 띤다. 소엽은 불규칙하게 분지되고 비교적 짧으며, 분아가 있다. 수층은 주황색, 아랫면은 검은색, 가장자리는 황갈색이다. 아랫면에 가근이 잘 발달하며 파피레가 있다. 자낭반은 볼 수 없다.

| Physciaceae |

가시지네지의

Phaeophyscia spinellosa Kashiw.

생육형 생식기관 착생기물

중고산지대의 나무에 착생하여 자라는 원형의 소형 엽상지의류로 녹회색을 띤다. 소엽은 두 갈래나 불규칙하게 분지되고, 아랫면은 검은색을 띠며 가근이 잘 발달한다. 자낭반을 많이 보이며 분생자각은 지의체에 함몰되기도 하다. 자낭반 가장자리를 따라 가시모양의 돌기들이 잘 발달한다.

| Physciaceae |

작은잎지네지의

Phaeophyscia squarrosa Kashiw.

생육형 생식기관 착생기물

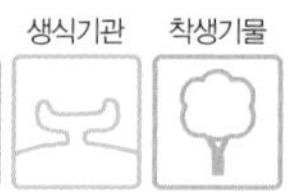

중고산지대의 수피에 착생하여 자라는 원형의 중형 엽상지의류로 회백색을 띤다. 소엽은 두 갈래나 불규칙하게 분지되며, 아랫면은 어두운 갈색이고 가장자리로 갈수록 밝은 갈색을 띤다. 가근은 잘 발달하며 자낭반을 많이 볼 수 있다. 분생자각은 지의체에 함몰되기도 하다.

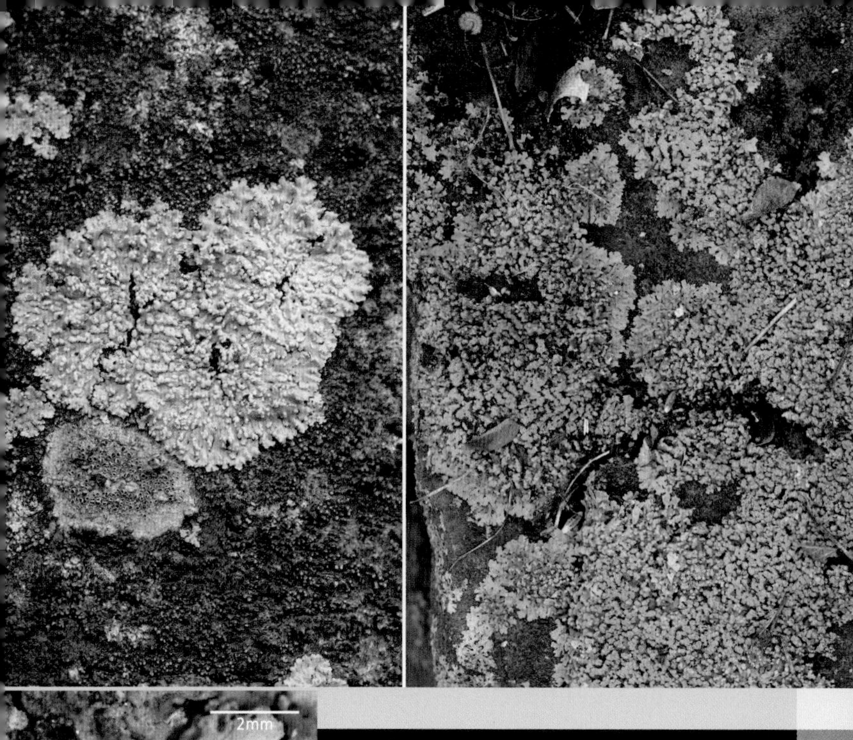

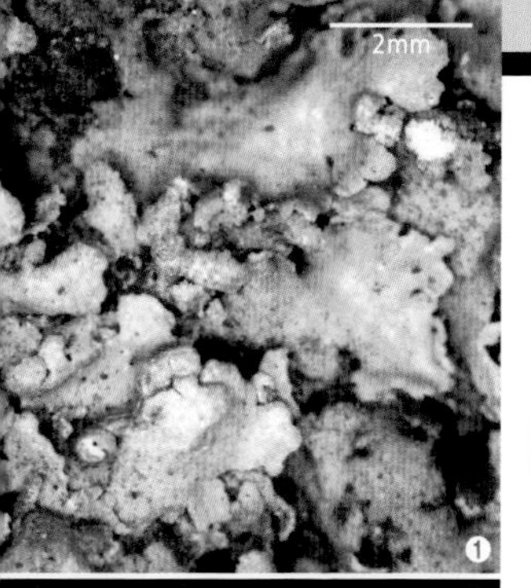

| Physciaceae |

하얀지네지의

Physcia orientalis Kashiw.

생육형 생식기관 착생기물

저지대부터 고지대까지 바위나 수피에 착생하여 자라는 원형의 중형 엽상지의류로 회녹색을 띤다. 지의체 전체에 걸쳐 알갱이모양의 분아가 잘 발달되며 자낭반은 거의 보이지 않는다.

❶ 지의체 윗면은 광택이 없다. 엽체 전체에 걸쳐 알갱이모양의 분아덩어리가 잘 발달한다.

❷ 지의체의 아랫면은 흰색이다. 전체에 연한 갈색 또는 회색 가근이 발달한다.

| Physciaceae |

별지네지의

Physcia stellaris (L.) Nyl.

생육형 생식기관 착생기물

섬지역 바닷가의 바위에 밀착하여 자라는 소형 엽상지의류로 회녹색을 띤다. 소엽은 두 갈래나 불규칙하게 분지되고 분아와 열아는 거의 없다. 아랫면은 밝은 갈색이며, 가근이 있다. 컵모양의 자낭반이 많이 보이며, 자기반은 검은색이다.

| Physciaceae |

산로젯트지의

Physciella denigrata (Hue) Essl.

생육형 생식기관 착생기물

중고산지역의 수피나 바위의 이끼에 착생하여 자라는 소형 엽상지의류로 탁한 갈회색을 띤다. 소엽은 군집을 이루고 아랫면은 황갈색이며, 가근이 있다. 컵모양의 자낭반이 많이 보이며, 자기반은 적갈색이다.

| Physciaceae |

로젯트지의

Physciella melanchra (Hue) Essl.

생육형 생식기관 착생기물

섬지역 바닷가 바위에 착생하여 주로 자라는 소형 엽상지의류로 회색이나 갈색을 띤다. 소엽은 좁고 소엽들이 겹쳐 있으며 가장자리가 약간 들린다. 분아가 있고, 아랫면은 흰색이며 흰색 가근이 있다. 컵모양의 자낭반이 많이 보이며, 자기반은 갈색이다.

| Physciaceae |

백분지의

Physconia grumosa Kashiw. & Poelt

생육형 생식기관 착생기물

중고산지대의 수피와 바위에 착생하여 자라는 중소형지의류로 갈색이나 올리브갈색을 띤다. 소엽은 좁고 소엽들이 겹쳐 있다. 가장자리가 톱니모양이고 소엽의 끝 쪽에 흰색 결정(프루이나)과 소열편이 보인다. 아랫면은 암갈색이고 가장자리는 황갈색을 띤다. 암갈색 가근이 밀생해 자란다. 자낭반을 흔히 볼 수 있다.

❶ 지의체 소엽 가장자리에 흰색 결정(프루이나)을 볼 수 있으며, 가장자리를 따라 소열편이 잘 발달한다.

| Physciaceae |

작은잎백분지의

Physconia hokkaidensis Kashiw.

생육형 생식기관 착생기물

중고산지대 바위에 착생하여 자라는 중소형 엽상지의류로 녹색이나 밝은 갈색을 띤다. 소엽은 두 갈래나 불규칙하게 분지되고, 가장자리가 톱니모양이다. 소엽의 선단부에는 흰색 결정(프루이나)과 위아래가 구분되는 소열편이 있다. 아랫면은 암갈색이고 검은색 가근이 밀생해 자란다. 자낭반을 흔히 볼 수 있다.

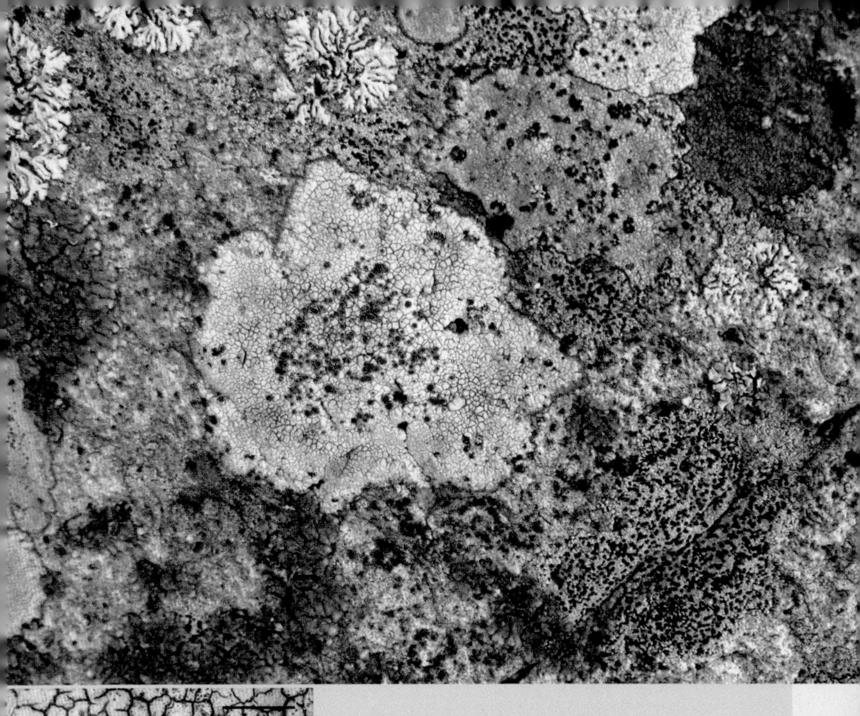

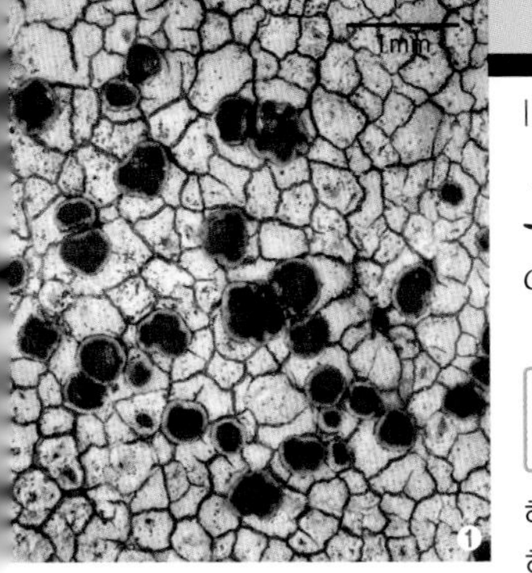

| Teloschistaceae |

보길도단추지의

Caloplaca bogilana Y. Joshi & Hur

생육형 생식기관 착생기물

해발 50m 이하 저지대 바닷가 바위에 패치 형태로 생장하는 가상지의류로 회색 계열의 색깔을 띤다. 지의체 표면 모양은 전체적으로 조각난 타일을 붙여 놓은 아레올레 형태다.

❶ 자낭반은 lecanorine 형태로 무리지어 많이 생성된다. 자기반의 색깔은 주황색 계열로 볼록한 형태에서 평평한 것까지 있다.

| Teloschistaceae |

주황단추지의

Caloplaca flavorubescens (Huds.) J.R. Laundon

생육형 생식기관 착생기물

저지대에서 해발 1,600m 고산지대까지 수피나 바위에 자라는 가상지의류로 회녹색계열의 색깔을 띤다. 엽체의 가장자리가 연속적이거나 그렇지 않다. 단추지의(*Caloplaca*)속 중에서 가장 흔하게 볼 수 있는 종이다.

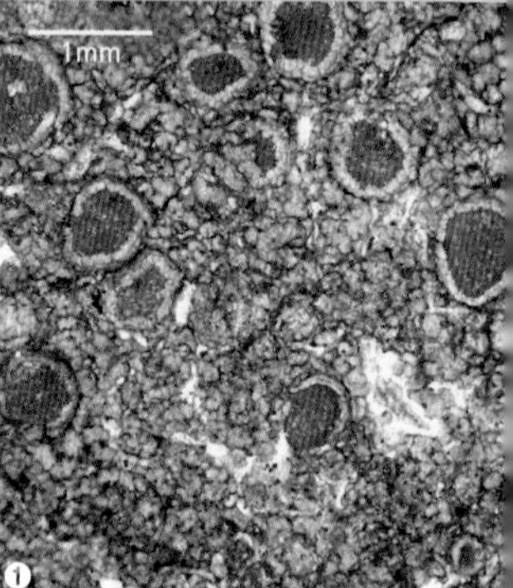

❶ 자낭반은 lecanorine 형태로 무리지어 많이 생성된다. 자낭반은 가장자리가 잘 발달되며, 자기반은 주황색 계열로 볼록한 형태에서 평평한 것까지 있다.

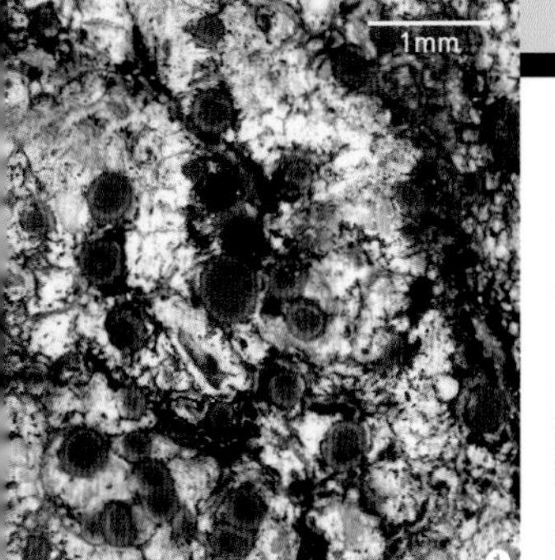

섬단추지의

Caloplaca galbina S.Y. Kondr. & J.S. Hur

생육형 생식기관 착생기물

해발 10m 이하 저지대, 주로 섬지역의 바닷가 바위에 자라는 가상지의류로 회백색을 띤다. 엽체 표면 전체에 균열이 있는 아레올레 형태를 한다.

❶ 자낭반은 지의체에 함몰되어 잘 발달된다. 자기반의 색깔은 밝은 갈색이다.

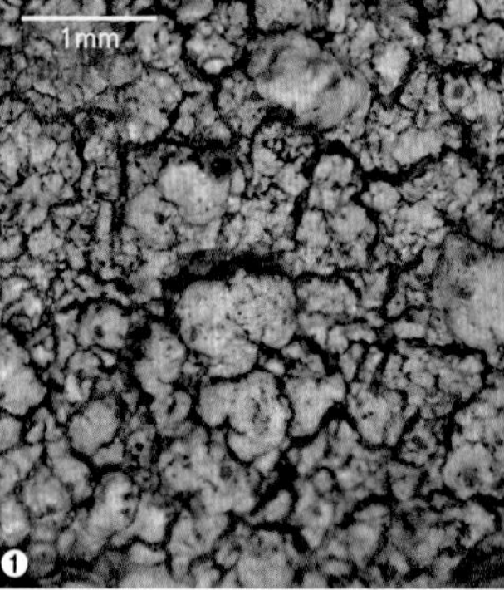

| Teloschistaceae |

좀주황단추지의

Caloplaca multicolor S.Y. Kondr. & J.S. Hur

생육형 생식기관 착생기물

해발 30m 저지대 바닷가 바위에 자라는 가상지의류로 아주 밝은 레몬색과 노란회색이 섞였다. 엽체는 두꺼운 편으로 표면 전체에 균열이 있는 아레올레 형태다.

❶ 자낭반은 lecanorine 형태로 크기가 매우 다양하고 불규칙적하다. 가장자리가 물결처럼 굴곡이 진다. 자기반은 갈색과 주황색 계열의 색깔을 띤다.

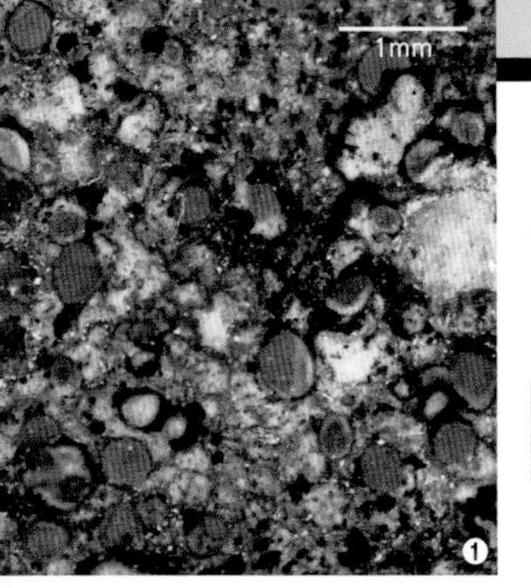

| Teloschistaceae |

표적주황지의

Caloplaca pellodella (Nyl.) Hasse

생육형 생식기관 착생기물

해발 5m 이하 저지대 섬지역 바닷가 바위에 자라는 가상지의류로 어두운 회갈색을 띤다. 엽체 표면 전체에 균열이 있는 아레올레 형태로 광택이 있다.

❶ 자낭반은 lecanorine 형태로 규칙적이며 둥근 모양을 한다. 자기반은 진한 주황색을 띤다.

| Teloschistaceae |

느슨주황단추지의

Caloplaca subsoluta (Nyl.) Zahlbr.

생육형 생식기관 착생기물

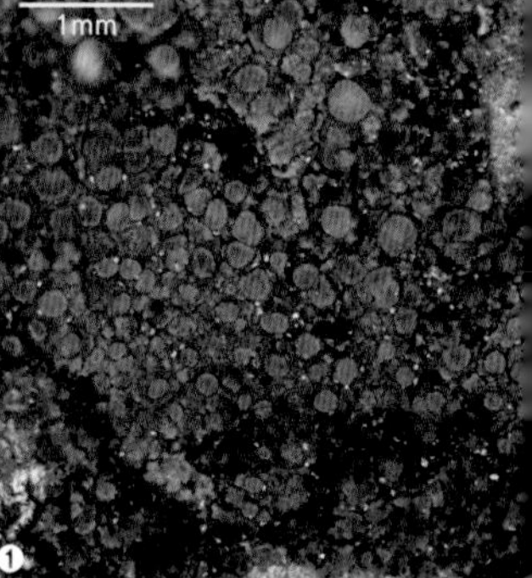

해발 100m 이하 저지대 바위에 자라는 가상지의류로 연한 노란색을 띤다. 제주도 해안가와 난대림지역의 바위에서 볼 수 있다. 엽체의 표면 전체에 균열이 있는 아레올레 형태로 엽체의 끝은 살짝 들린다.

❶ 자낭반은 lecanorine 형태로 무리지어 많이 생성된다. 자기반은 평평하고 주황색으로 가장자리가 조금 들린다.

| Teloschistaceae |

붉은녹꽃잎지의

Xanthoria mandschurica (Zahlbr.) Asahina

해안 주변 저지대에서 고산대 산림지역까지 바위에 자라는 가상-엽상지의류로 주황색을 띤다. 소엽은 길고 크기가 8~17 x 0.9~1mm로 많이 분지된다. 소열편을 형성하며 방사형으로 생장한다. 엽체가 전체적으로 볼록하며 의배점이 많다. 자낭반은 거의 볼 수 없다.

| Umbilicariaceae |

암석이불지의

Lasallia pensylvanica (Hoffm.) Llano

생육형 생식기관 착생기물

해발 1,000m 이상 고산지대의 바위에 밀착하여 자라는 원반형의 중소형 엽상지의류다. 건조 시에는 흑갈색을 젖은 상태에서는 녹갈색을 띤다. 석이와 비슷하게 지의체가 원반 형태이다. 아랫면에는 중심부에 착생부위인 제상체가 존재하지만 윗면에는 많은 파피레가 있다. 아랫면은 검은색을 띠고 사마귀꼴 돌기를 지닌 표면을 지니고 있다.

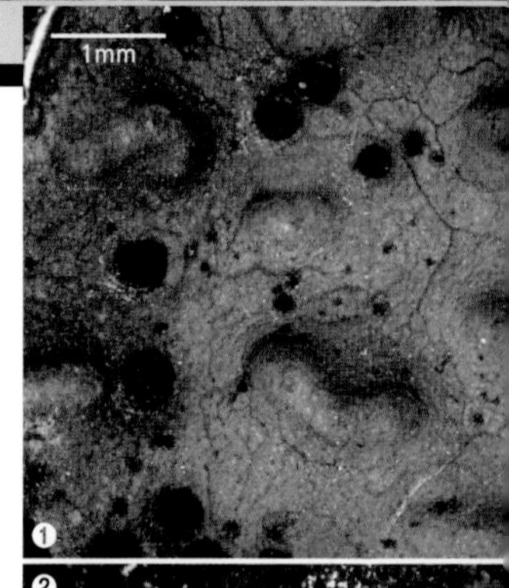

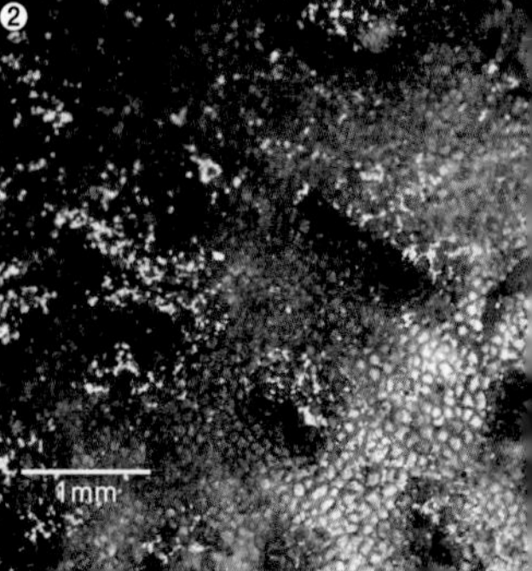

❶ 지의체의 윗면에는 돌기처럼 생긴 크고 작은 파피레와 검은색 자낭반이 있다. 엽체의 가장자리는 불규칙하게 찢겨 매끄럽지 못하다.

❷ 지의체의 아랫면은 사마귀꼴 돌기로 뒤덮여 있다. 윗면에 돌기(파피레)가 생기면서 만들어진 오목한 구멍이 군데군데 산재한다.

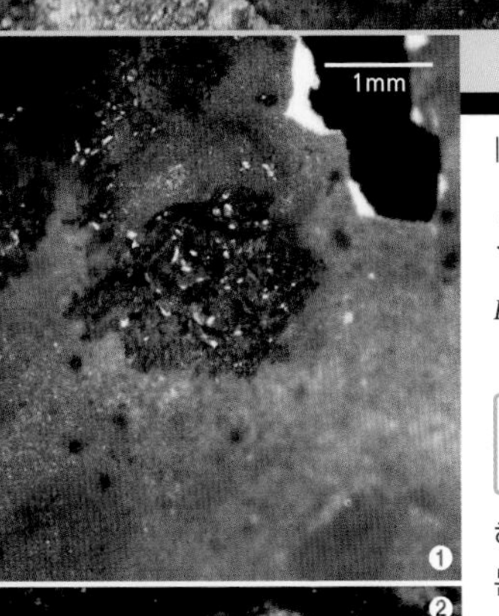

| Umbilicariaceae |

뒤하얀암석이불지의

Lasallia sinorientalis J.C. Wei

생육형 생식기관 착생기물

해발 1,000m 이상 고산지대의 바위에 밀착되어 자라는 원반형의 중소형 엽상지의류다. 건조 시에는 흑갈색을, 젖은 상태에서는 녹갈색을 띤다. 석이(*Umbilicaria esculenta*)와 비슷하게 지의체가 원반 형태이다. 아랫면에는 중심부에 착생부위인 제상체가 존재하지만, 윗면에는 열아가 있다. 아랫면에는 사마귀꼴 돌기를 지닌 표면을 지니고 있다.

❶ 지의체 윗면은 비늘소엽 형태의 열아가 덩어리처럼 뭉쳐 자란다.
❷ 지의체 아랫면은 밝은 갈색을 띠고, 사마귀꼴 돌기로 뒤덮여 있다.

| Umbilicariaceae |

석이

Umbilicaria esculenta (Miyoshi) Minks

생육형 착생기물

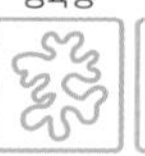

'석이버섯'으로 잘 알려진 지의류로 식용 및 약용한다. 중고산지대 햇빛이 잘 드는 바위에 착생하여 자라는 원형의 중대형 엽상지의류로 군집을 이루어 자란다. 건조 시에는 갈색을, 젖은 상태에서는 연한 녹색을 띤다. 아랫면은 가근이 없이 매끄럽고 지의체 중심부에 착생부위인 제상체가 존재한다.

| Umbilicariaceae |

작은석이지의

Umbilicaria kisovana (Zahlbr. ex M. Satô) Zahlbr.

생육형 착생기물

중고산지대 햇빛이 잘 드는 바위에 착생하여 자라는 원형의 소형 엽상지의류로 군집을 이루어 자란다. 건조 시에는 갈색을, 젖은 상태에서는 연한 녹색을 띤다. 작은 엽체가 군집을 이루어 생장한다. 엽체는 장미꽃처럼 겹쳐 자라며, 아랫면에는 가근이 거의 없이 매끄럽다. 지의체 중심부에 착생부위인 제상체가 존재한다. 자낭반은 볼 수 없다.

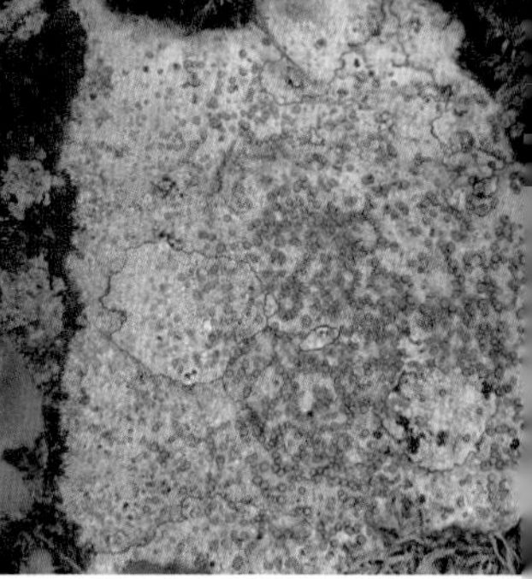

| Lecideaceae |

검은테접시지의

Porpidia albocaerulescens (Wulfen) Hertel & Knoph

생육형 생식기관 착생기물

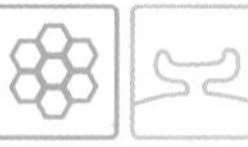

저지대에서 해발 1,600m 이상의 고산지대 바위에 서식하는 가상지의류로 올리브녹색이나 암녹색을 띤다. 계곡이나 강주변의 바위에 회색 페인트가 칠해진 것처럼 보이는 것들이 대부분은 이 종이라고 봐도 될 정도로 우리나라에 가장 흔하게 서식하고 있는 가상지의체이다. 지의체는 연속성 생장형, 건조되면 약간의 균열이 생긴다. 두께는 0.3~1.2mm이고, 지의체의 중앙보다 가장자리가 더 얇다. 하생균실은 검은색이다. 회백색의 자낭반을 많이 볼 수 있으며, 군집을 이룬다. 지의체에 직접 부착되어 자라지만 미성숙시에는 함몰되고, 자낭반의 가장자리는 암갈색을 띠어 구별된다.

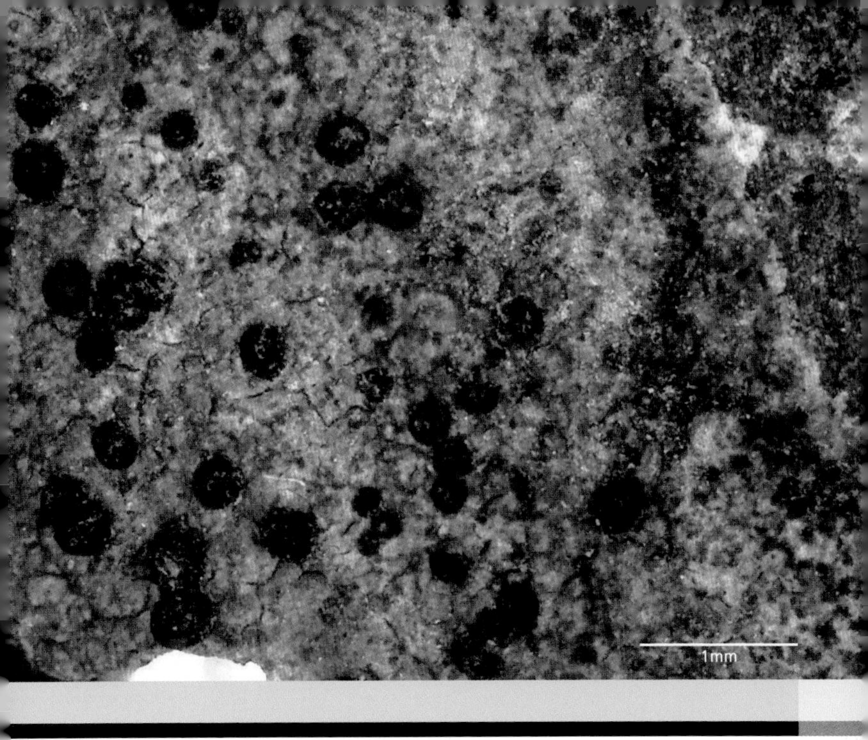

| Lecideaceae |

검은테항아리접시지의

Porpidia macrocarpa (DC.) Hertel & A.J. Schwab

생육형 생식기관 착생기물

해발 1,000m 내외 고산지대의 바위에서 자라는 가상지의류로 회백색을 띠며 일부는 오렌지색을 띤다. 지의체는 대부분 암석 위에서 생장하나 간혹 암석에 함몰되어 자라며, 매끈하거나 성숙한 부분에 맥이 있다. 지의체의 가장자리에는 검은색의 뚜렷한 하생균실이 있다. 자낭반을 많이 볼 수 있다. 군집을 이루며 지의체에 직접 부착되어 자라지만 미성숙시에는 함몰된다. 지름은 0.5~2(3)mm으로 검은색이나 암갈색을 띤다. 자기반은 평면이며, 흰색 결정을 볼 수 없다.

| Verrucariaceae |

민바위버섯지의

Dermatocarpon miniatum (L.) W. Mann

생육형 생식기관 착생기물

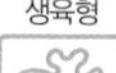

중고산지대 산림지역의 그늘진 바위에 착생하여 자라는 중소형 엽상지의류다. 군집을 이루어 석이(*Umbilicaria esculenta*)와 비슷한 모양으로 바위에 물이 흘러가는 자리를 따라 자란다. 회녹색의 원판모양이다.

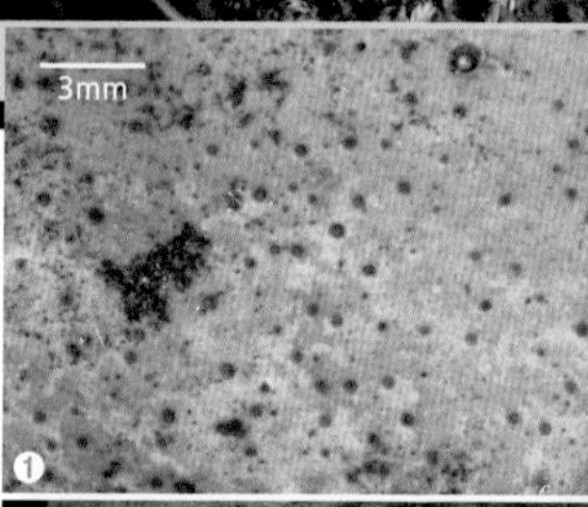

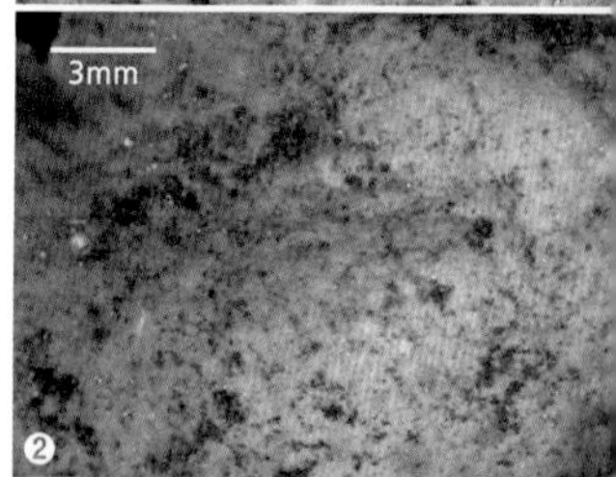

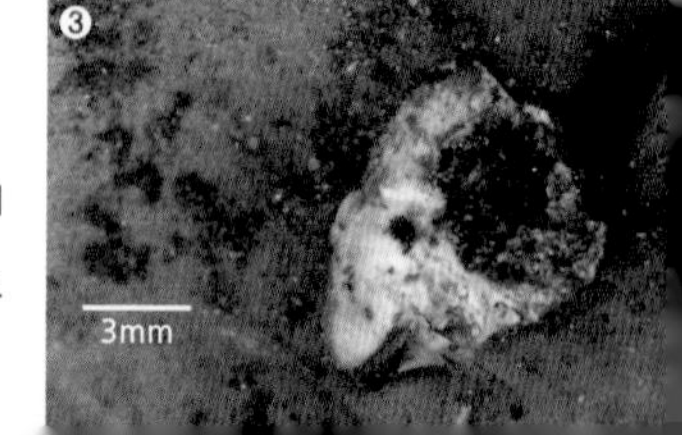

❶ 지의체의 윗면은 회색이고 물에 젖으면 회녹색으로 변한다. 표면에 점모양의 자낭반과 분생자각이 발달해 있다.

❷❸ 아랫면은 연한 또는 밝은 갈색이다. 가근이 없이 매끈하며 중앙부에는 바위에 흡착하는 흡착부위인 제상체가 있다.

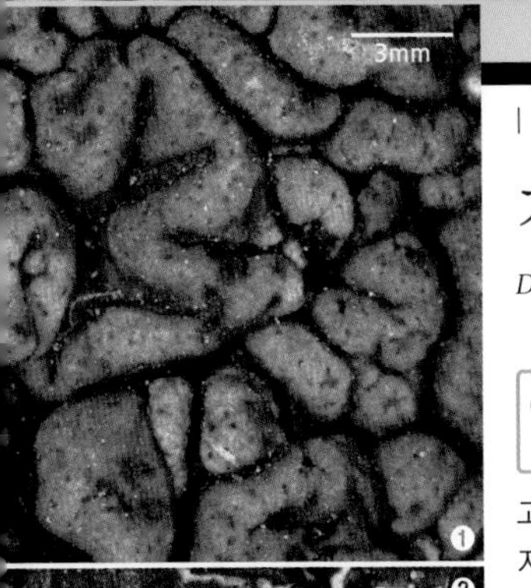

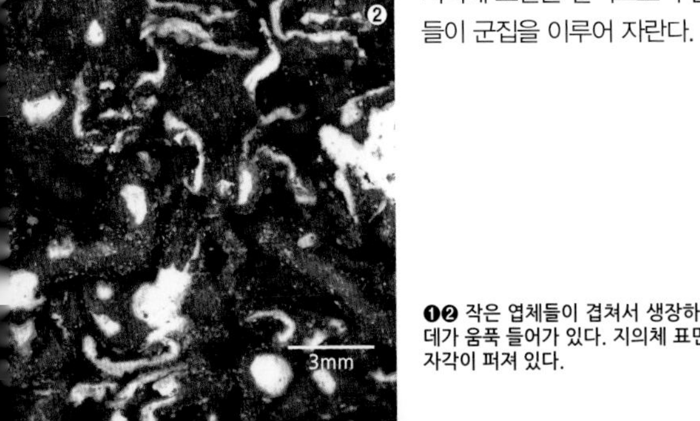

| Verrucariaceae |

깊은산담수지의

Dermatocarpon tuzibei M. Satô

생육형 생식기관 착생기물

고산지대 바위에 착생하여 자라는 중대형 엽상지의류다. 지의체 표면은 갈색으로 쭈글쭈글한 모양이며 작은 엽체들이 군집을 이루어 자란다.

❶❷ 작은 엽체들이 겹쳐서 생장하며, 엽체의 표면은 어금니처럼 가운데가 움푹 들어가 있다. 지의체 표면에는 검은 점모양의 자낭각과 분생자각이 퍼져 있다.

| Verrucariaceae |

신구멍비늘지의

Neocatapyrenium cladonioideum (Vain.) H. Harada

생육형 착생기물

중고산지대의 노출된 바위에 착생하여 자라는 중소형 엽상지의류다. 진한 갈색을 띠며 손가락모양의 작은 엽체들이 겹쳐서 뭉쳐 자란다.

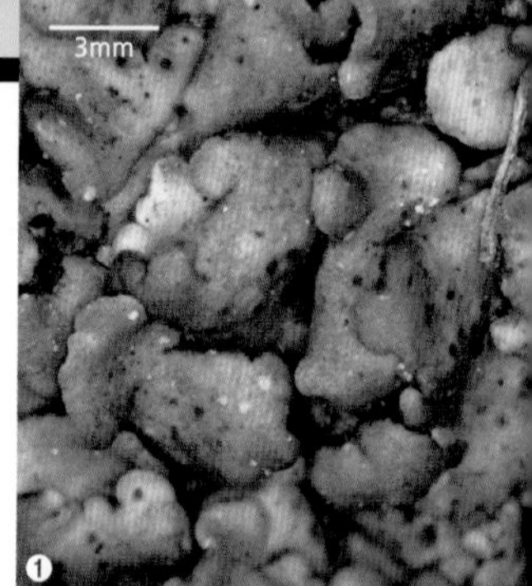

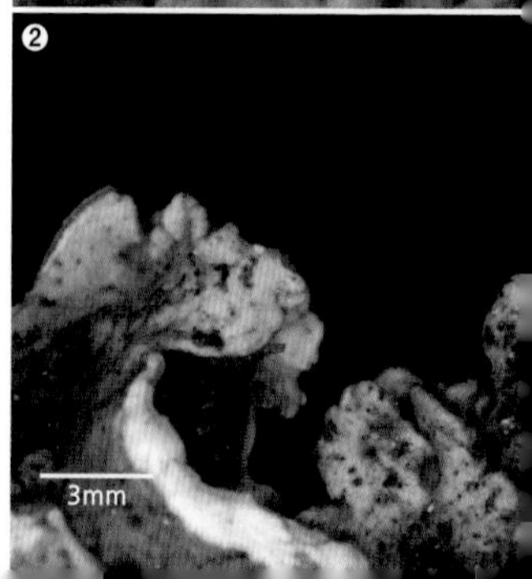

❶ 엽체는 작은 손가락모양으로 부풀어 있으며, 표면에 검은색 반점의 분생자각들이 많이 보인다.

❷ 지의체의 아랫면은 밝은 갈색으로 매끈하며 가근이나 제상체가 없다.

바위에서 자라는 지의류

지의류의 생육형, 생식기관, 착생기물

번호	국명 (학명)	생육형			생식기관				착생기물		
		수지상	엽상	가상	분아	열아	소열편	자기	나무	바위	토양
1	조약돌지의 *Acarospora badiofusca*			●				●			●
2	바위딱지지의 *Acarospora fuscata*			●				●			●
3	갈색조약돌지의 *Acarospora veronensis*			●				●			●
4	점박이지의 *Sarcogyne privigna*			●				●		●	
5	데이지지의 *Placopsis cribellans*		●			●		●		●	
6	촛농지의 *Candelaria concolor*		●		●				●		
7	가시묶음지의 *Cladia aggregata*	●								●	●
8	분말창끝사슴지의 *Cladonia coniocraea*	●			●						●
9	과립나팔지의 *Cladonia granulans*	●					●	●		●	●
10	뿔사슴지의 *Cladonia amaurocraea*	●									●
11	좀막대꽃지의 *Cladonia bacilliformis*	●			●					●	●
12	깔대기지의 *Cladonia chlorophaea*	●			●			●			●
13	분말뿔사슴지의 *Cladonia cornuta*	●			●			●	●	●	●
14	점붉은열매지의 *Cladonia didyma*	●			●			●	●		
15	갈래뿔사슴지의 *Cladonia furcata* var. *furcata*	●								●	●
16	작은깔대기지의 *Cladonia humilis*	●			●					●	●
17	과립작은깔대기지의 *Cladonia kurokawae*	●			●			●		●	●
18	꼬마붉은열매지의 *Cladonia macilenta*	●			●			●	●	●	
19	산호붉은열매지의 *Cladonia metacorallifera*	●					●	●		●	●
20	연꽃사슴지의 *Cladonia phyllophora*	●						●		●	●
21	후엽깔때기지의 *Cladonia pyxidata*	●								●	●
22	작은연꽃사슴지의 *Cladonia ramulosa*	●						●		●	●
23	사슴지의 *Cladonia rangiferina* subsp. *grisea*	●								●	●
24	덤불사슴지의 *Cladonia rangiferina* subsp. *rangiferina*	●								●	●
25	꼬리사슴지의 *Cladonia scabriuscula*	●			●			●		●	●

번호	국명 (학명)	생육형			생식기관				착생기물		
		수지상	엽상	가상	분아	열아	소열편	자기	나무	바위	토양
26	좁쌀비늘꽃지의 *Cladonia squamosa*	●						●		●	●
27	넓은잎사슴지의 *Cladonia turgida*	●								●	●
28	갓지의 *Pilophorus clavatus*	●						●		●	
29	매화기와지의 *Coccocarpia erythroxyli*		●					●	●	●	
30	기와지의 *Coccocarpia palmicola*		●			●		●	●	●	
31	연녹주황접시지의 *Lecanora muralis*		●	●				●		●	
32	노란갯접시지의 *Lecanora oreinoides*			●				●		●	
33	혈흔지의 *Mycoblastus sanguinarius*			●				●			
34	검은눈지의 *Tephromela atra*			●				●	●	●	
35	유사개발바닥지의 *Anzia colpota*		●					●	●	●	
36	개발바닥지의 *Anzia opuntiella*		●					●			
37	알갱이눈썹지의 *Canoparmelia texana*		●		●				●		
38	영불지의 *Cetraria islandica*		●							●	●
39	돌기조개지의 *Cetrelia braunsiana*		●			●			●	●	
40	과립조개지의 *Cetrelia chicitae*		●		●				●		
41	나플나플조개지의 *Cetrelia japonica*		●				●		●	●	
42	유사적염과립조개지의 *Cetrelia pseudolivetorum*		●				●		●	●	
43	전복지의 *Cetreliopsis asahinae*		●					●	●		
44	골다발지의 *Everniastrum cirrhatum*		●						●		
45	노란매화나무지의 *Flavoparmelia caperata*		●		●				●		
46	돌기주머니지의 *Hypogymnia occidentalis*		●				●		●		
47	주머니지의 *Hypogymnia pseudophysodes*		●					●	●		
48	돌기쌍분지지의 *Hypotrachyna nodakensis*		●			●			●		
49	쌍분지지의 *Hypotrachyna osseoalba*		●		●				●	●	
50	갯바위국화잎지의 *Karoowia saxeti*		●			●				●	

번호	국명 (학명)	생육형			생식기관				착생기물		
		수지상	엽상	가상	분아	열아	소열편	자기	나무	바위	토양
51	올리브지의 *Melanohalea olivacea*		●					●	●		
52	분말대롱지의 *Menegazzia nipponica*		●		●				●	●	
53	천공지의 *Menegazzia terebrata*		●		●				●	●	
54	분말노란속매화나무지의 *Myelochroa aurulenta*		●		●				●		
55	너덜너덜노란속매화나무지의 *Myelochroa entotheiochroa*		●				●	●	●		
56	알갱이노란속매화지의 *Myelochroa indica*		●			●			●		
57	노란속매화나무지의 *Myelochroa irrugans*		●					●	●		
58	음지노란속매화나무지의 *Myelochroa leucotyliza*		●						●		
59	노란속큰전복지의 *Nephromopsis ornata*		●					●	●		
60	레몬큰전복지의 *Nephromopsis pallescens*		●					●	●		
61	후막당초무늬지의 *Parmelia adaugescens*		●						●		
62	주걱소잎당초무늬지의 *Parmelia fertilis*		●					●	●		
63	나플나플당초무늬지의 *Parmelia laevior*		●					●	●		
64	유사하얀줄당초무늬지의 *Parmelia marmariza*		●				●	●	●		
65	하얀줄당초무늬지의 *Parmelia marmorophylla*		●					●	●		
66	시나노당초무늬지의 *Parmelia shinanoana*		●					●		●	
67	굵은하얀줄당초무늬지의 *Parmelia subdivaricata*		●					●	●	●	
68	접시매화지의 *Parmelina quercina*		●					●	●	●	
69	돌기작은잎매화나무지의 *Parmelinopsis minarum*		●			●			●	●	
70	가루작은잎매화나무지의 *Parmelinopsis subfatiscens*		●		●				●	●	
71	분말테매화나무지의 *Parmotrema austrosinense*		●		●				●		
72	바위매화나무지의 *Parmotrema grayanum*		●		●					●	
73	민매화나무지의 *Parmotrema margaritatum*		●						●	●	
74	가루매화나무지의 *Parmotrema perlatum*		●		●				●		
75	과립매화나무지의 *Parmotrema praesorediosum*		●		●				●		

번호	국명 (학명)	생육형			생식기관				착생기물		
		수지상	엽상	가상	분아	열아	소열편	자기	나무	바위	토양
76	말린눈썹지의 *Parmotrema reticulatum*		●		●				●	●	
77	넙적매화나무지의 *Parmotrema subsumptum*		●		●				●	●	
78	큰나플나플눈썹지의 *Parmotrema subtinctorium*		●			●			●	●	
79	매화나무지의 *Parmotrema tinctorum*		●			●			●		
80	흰점지의 *Punctelia borreri*		●		●		●		●		
81	돌기흰점지의 *Punctelia subflava*					●	●		●	●	
82	유사돌기흰점지의 *Punctelia subrudecta*		●					●	●		
83	원형끈지의 *Sulcaria sulcata*	●						●	●		
84	얇은껍질지의 *Tuckneraria pseudocomplicata*		●						●		
85	송라 *Usnea diffracta*	●							●	●	
86	솔송라 *Usnea hakonensis*	●			●					●	
87	붉은수염송라 *Usnea rubrotincta*	●			●					●	
88	국화잎지의 *Xanthoparmelia conspersa*		●			●		●		●	
89	밤색국화잎지의 *Xanthoparmelia coreana*		●			●				●	
90	담색국화잎지의 *Xanthoparmelia mexicana*		●			●				●	
91	돌기국화잎지의 *Xanthoparmelia subramigera*		●			●				●	
92	알갱이국화지의 *Xanthoparmelia tuberculiformis*		●			●		●		●	
93	메달지의 *Dirinaria applanata*		●		●				●		
94	노란속검은별지의 *Pyxine endochrysina*		●			●				●	
95	산호항아리지의 *Lopadium coralloideum*			●		●		●	●		
96	작은혹지의 *Biatora globulosa*			●				●	●	●	
97	갈색작은혹지의 *Biatora longispora*			●	●			●	●		
98	산호잎지의 *Phyllopsora corallina*		●			●			●		
99	높은봉우리탱자나무지의 *Ramalina almquistii*	●								●	
100	민탱자나무지의 *Ramalina conduplicans*	●						●	●	●	

번호	국명 (학명)	생육형			생식기관				착생기물		
		수지상	엽상	가상	분아	열아	소열편	자기	나무	바위	토양
101	연한탱자나무지의 *Ramalina exilis*	●			●			●		●	
102	물가돌탱자나무지의 *Ramalina litoralis*	●						●		●	
103	갈래갈래탱자나무지의 *Ramalina pertusa*	●						●	●		
104	작은머위탱자나무지의 *Ramalina peruviana*	●			●			●		●	
105	갯바위탱자나무지의 *Ramalina siliquosa*	●						●		●	
106	넓은잎탱자나무지의 *Ramalina sinensis*	●						●	●		
107	바위꽃탱자나무지의 *Ramalina yasudae*	●			●					●	
108	그늘바위솜지의 *Lepraria caesioalba* var. *caesioalba*			●	●					●	
109	산나무지의 *Stereocaulon japonicum*	●						●		●	
110	중키산나무지의 *Stereocaulon nigrum*	●						●		●	
111	큰키나무지의 *Stereocaulon sorediiferum*	●			●					●	
112	비늘나무지의 *Stereocaulon verruculigerum*	●						●		●	
113	납작나무지의 *Stereocaulon vesuvianum* var. *nodulosum*	●						●		●	
114	작은돌기김지의 *Collema tenax*		●			●		●		●	●
115	잿빛김지의 *Leptogium azureum*		●					●	●	●	
116	청잿빛김지의 *Leptogium cyanescens*		●			●		●	●	●	
117	청건조잿빛김지의 *Leptogium pedicellatum*		●				●	●	●	●	
118	낱알잿빛김지의 *Leptogium saturninum*		●			●			●	●	
119	맨들지의 *Lobaria discolor*		●					●	●		
120	남빛투구지의 *Lobaria isidiosa*		●			●	●		●	●	
121	얇은투구지의 *Lobaria linita*		●						●		
122	윤나는잎투구지의 *Lobaria meridionalis*		●			●	●		●		
123	사슴뿔투구지의 *Lobaria retigera*		●			●			●	●	
124	주걱모양투구지의 *Lobaria spathulata*		●				●		●		
125	유사뒷손톱지의 *Nephroma helveticum*		●					●		●	

번호	국명 (학명)	생육형			생식기관				착생기물		
		수지상	엽상	가상	분아	열아	소열편	자기	나무	바위	토양
126	톱뒷손톱지의 *Nephroma tropicum*		●				●	●	●	●	
127	유사금테지의 *Pseudocyphellaria crocata*		●				●	●	●		
128	둥근잎갑옷지의 *Sticta nylanderiana*		●					●	●		
129	야타베갑옷지의 *Sticta yatabeana*		●					●	●		
130	검은둘레꽃잎지의 *Fuscopannaria laceratula*		●					●	●		
131	작은꽃잎지의 *Fuscopannaria leucosticta*		●					●	●		
132	나무거죽꽃잎지의 *Fuscopannaria protensa*		●					●	●		
133	가루검은둘레꽃잎지의 *Fuscopannaria ramulina*		●		●			●	●		
134	흰가루꽃잎지의 *Pannaria asahinae*		●				●	●	●		
135	방울꽃잎지의 *Pannaria globigera*		●				●		●	●	
136	넓적꽃잎지의 *Pannaria lurida*		●				●	●	●		
137	방패손톱지의 *Peltigera collina*		●		●			●	●	●	
138	맨들손톱지의 *Peltigera degenii*		●					●	●	●	
139	평평한손톱지의 *Peltigera horizontalis*		●					●	●	●	
140	줄손톱지의 *Peltigera leucophlebia*		●					●		●	●
141	긴뿌리손톱지의 *Peltigera neopolydactyla*		●					●	●	●	
142	단풍손톱지의 *Peltigera polydactylon*		●					●	●	●	
143	나플나플손톱지의 *Peltigera praetextata*		●			●		●	●	●	
144	붉은손톱지의 *Peltigera rufescens*		●				●			●	
145	이끼위숯별지의 *Megalospora tuberculosa*			●	●			●	●		
146	톱니작은그리마지의 *Anaptychia bryorum*		●				●		●		
147	돌기작은그리마지의 *Anaptychia isidiata*		●			●	●		●		
148	작은그리마지의 *Anaptychia palmulata*		●				●		●		
149	작은접시지의 *Buellia badia*			●				●		●	
150	깊은작은접시지의 *Buellia disciformis*			●				●		●	

번호	국명 (학명)	생육형			생식기관				착생기물		
		수지상	엽상	가상	분아	열아	소열편	자기	나무	바위	토양
151	갯작은접시지의 *Buellia maritima*			●				●		●	
152	볼록작은접시지의 *Buellia nashii*			●				●		●	
153	민작은접시지의 *Buellia polyspora*			●				●	●		
154	검은바탕작은접시지의 *Buellia spuria*			●				●		●	
155	별숯검정혹지의 *Buellia stellulata*			●				●		●	
156	실그라마지의 *Heterodermia boryi*		●		●					●	
157	가죽그리마지의 *Heterodermia diademata*		●					●	●	●	
158	흰배면그리마지의 *Heterodermia hypoleuca*		●					●	●	●	
159	돌기그리마지의 *Heterodermia isidiophora*		●			●	●		●	●	
160	검은발그리마지의 *Heterodermia japonica*		●			●			●	●	
161	작은돌기그리마지의 *Heterodermia microphylla*		●				●		●	●	
162	노란배그리마지의 *Heterodermia obscurata*		●		●				●	●	
163	산그리마지의 *Heterodermia pseudospeciosa*		●		●		●		●	●	
164	유사산그리마지의 *Heterodermia tremulans*		●		●				●	●	
165	꼬마지네지의 *Hyperphyscia adglutinata*		●		●				●		
166	흰배지네지의 *Hyperphyscia crocata*		●		●			●	●		
167	과립지네지의 *Phaeophyscia adiastola*		●		●			●	●		
168	붉은속지네지의 *Phaeophyscia endococcinodes*		●					●	●	●	
169	작은돌기지네지의 *Phaeophyscia exornatula*		●				●	●	●	●	
170	흰털지네지의 *Phaeophyscia hirtuosa*		●					●	●	●	
171	가루지네제의 *Phaeophyscia hispidula*		●		●		●	●	●	●	
172	검은배지네지의 *Phaeophyscia limbata*		●		●				●	●	
173	갯지네지의 *Phaeophyscia primaria*		●							●	
174	붉은속주름지네지의 *Phaeophyscia pyrrhophora*		●		●	●	●		●		
175	분말붉은지네지의 *Phaeophyscia rubropulchra*		●		●				●	●	

번호	국명 (학명)	생육형			생식기관				착생기물		
		수지상	엽상	가상	분아	열아	소열편	자기	나무	바위	토양
176	가시지네지의 *Phaeophyscia spinellosa*		●					●	●		
177	작은잎지네제의 *Phaeophyscia squarrosa*		●					●	●		
178	하얀지네지의 *Physcia orientalis*		●		●				●	●	
179	별지네지의 *Physcia stellaris*		●					●		●	
180	산로젯트지의 *Physciella denigrata*		●					●	●	●	
181	로젯트지의 *Physciella melanchra*		●		●			●		●	
182	백분지의 *Physconia grumosa*		●				●	●	●	●	
183	작은잎백분지의 *Physconia hokkaidensis*		●				●	●		●	
184	보길도단추지의 *Caloplaca bogilana*			●				●		●	
185	주황단추지의 *Caloplaca flavorubescens*			●				●	●	●	
186	섬단추지의 *Caloplaca galbina*			●				●		●	
187	좀주황단추지의 *Caloplaca multicolor*			●				●		●	
188	표적주황지의 *Caloplaca pellodella*			●				●		●	
189	느슨주황단추지의 *Caloplaca subsoluta*			●				●		●	
190	붉은녹꽃잎지의 *Xanthoria mandschurica*		●				●	●			
191	암석이불지의 *Lasallia pensylvanica*		●					●		●	
192	뒤하얀암석이불지의 *Lasallia sinorientalis*		●			●				●	
193	석이 *Umbilicaria esculenta*		●							●	
194	작은석이지의 *Umbilicaria kisovana*		●							●	
195	검은테접시지의 *Porpidia albocaerulescens*			●				●		●	
196	검은테항아리접시지의 *Porpidia macrocarpa*			●				●		●	
197	민바위버섯지의 *Dermatocarpon miniatum*		●					●		●	
198	깊은산담수지의 *Dermatocarpon tuzibei*		●					●			●
199	신구멍비늘지의 *Neocatapyrenium cladonioideum*		●							●	

논문

A Lichen Genus *Porpidia* (Porpidiaceae) from South Korea (2011). Xin Yu Wang, Yogesh Joshi and Jae-Seoun Hur. Mycobiology 39(1): 61-63.

A new species and new records of saxicolous species of the genus *Lecidella* (Lecanoraceae) from South Korea (2012). Lu Lu Zhang, Xin Yu Wang, Hai Ying Wang, Li Song Wang and Jae-Seoun Hur. Bryologist 115(2): 329-332.

A taxonomic study of *Heterodermia* (Lecanorales, Ascomycota) in South Korea based on phenotypic and phylogenetic analysis (2008). Xin Li Wei, Heng Luo, Young Jin Koh and Jae-Seoun Hur. Mycotaxon 105: 65-78.

Contribution to the lichen mycota of South Korea (2011). Yogesh Joshi, Thi Thuy Nguyen, Xin Yu Wang, Laszlo Lokos, Young Jin Koh and Jae-Seoun Hur. Mycotaxon 116: 61-74.

Endocarpon subramulosum (Verrucariaceae) a new species of lichenized fungi from South Korea (2013). Yogesh Joshi and Jae-Seoun Hur. Mycobiology 41(4): 243-244.

First Report of *Heterodermia squamulosa* (Lichenized Ascomycota, Physciaceae) in South Korea (2008). Xin Yu Wang, Hyun Hur, You Mi Lee, Young Jin Koh and Jae-Seoun Hur. Mycobiology 36(3): 190-192.

First report of the lichen species, *Heterodermia flabellata* (Fée) D.D. Awasthi, and updated taxonomic key of Heterodermia in South Korea (2012). Udeni jayalal, Santosh Joshi, Soon-Ok Oh, Jeong Shin Park and Jae-Seoun Hur. Mycobiology 40(3): 202-204.

Further Additions to Lichen Genus *Buellia* De Not. in South Korea (2010). Yogesh Joshi, Young Jin Koh and Jae-Seoun Hur. Micobiology 38(3): 222-224.

Lichen Mycota in South Korea: The Genus *Usnea* (2013). Udeni Jayalal, Santosh Joshi, Soon-Ok Oh, Young Jin Koh, Florin Crisan and Jae-Seoun Hur. Mycobiology 41(3): 126-130.

New Additions to Lichen Mycota of the Republic of Korea (2013). Santosh Joshi, Sergey Y Kondratyuk, Florin Crisan, Udeni Jayalal, Soon-Ok Oh and Jae-Seoun Hur. Mycobiology 41(4): 177-182.

New and noteworthy species of the lichen genus *Lecanora* (Ascomycota; Lecanoraceae) from South Korea (2011). Lei Lu, Yogesh Joshi, John A Kim, Elix, H. Thorsten Lumbshi, Hai Ying Wang, Young Jin Koh and Jae-Seoun Hur. The Lichenologist 43(4): 321-329.

Notes on lichen genus *Buellia* De Not. (lichenized Ascomycetes) from South Korea

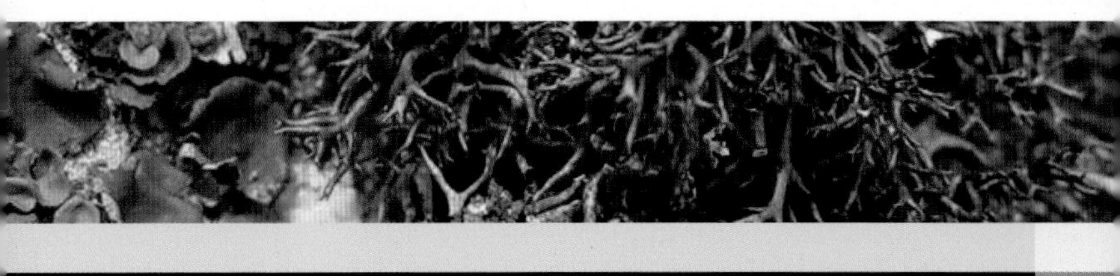

(2010). Yogesh Joshi, Xin Yu Wang, Laszlo Lokos, Young Jin Koh and Jae-Seoun Hur. Mycobiology 38(1): 65-69.

Notes on some new records of Macro- and Micro-lichens from Korea (2009). Yogesh Joshi, Xin Yu Wang, You Mi Lee, Bong-Kyu Byun, Young Jin Koh and Jae-Seoun Hur. Mycobiology 37(3): 197-202.

Notes on species of the lichen genus *Canoparmelia* Elix & Hale. in South Korea (2012). Udeni Jayalal, Santosh Joshi, Soon-Ok Oh, Jeong Shin Park and Jae-Seoun Hur. Mycobiology 40(3): 159-163.

Notes on the lichen genus *Hypotrachyna* (parmeliaceae) from South Korea (2013). Udeni Jayalal, Santosh Joshi, Soon-Ok Oh, Jeong shin Park, Young Jin Koh and Jae-Seoun Hur. Mycobiology 41(1): 13-17.

Taxonomic Study of *Peltigera* (Peltigeraceae, Ascomycota) in Korea (2009). Xin Li Wei, Xin Yu Wang, Young Jin Koh and Jae-Seoun Hur. Mycobiology 37(3): 189-196.

The genus *Cladonia* (lichenized Ascomycota, Cladoniaceae) in South Korea (2011). Xin Yu Wang, Yogesh Joshi and Jae-Seoun hur. Mycotaxon 117: 405-422.

The Lichen *Dirinaria* picta New to South Korea (2013). Udeni Jayalal, Sang Sil Oh, Santosh Joshi, Soon-Ok Oh and Jae-Seoun Hur. Mycobiology 41(3): 155-158.

The lichen genus *Lepraria* (Stereocaulaceae) in South Korea (2010). Yogesh Joshi, Xin Yu Wang, Young Jin Koh and Jae-Seoun Hur. Mycotaxon 112: 201-217.

The Lichen Genus *Parmotrema* in South Korea (2013). Udeni Jayalal, Pradeep K Divakar, Santosh Joshi, Soon-Ok Oh, Young Jin Koh and Jae-Seoun Hur. Mycobiology 41(1): 25-36.

Three New Records of Lichen Genus *Rhizocarpon* from South Korea (2010). Yogesh Joshi, Young Jin Koh and Jae-Seoun Hur. Micobiology 38(3): 219-221.

단행본

Lichens of North America (2001). Irwin M. Brodo, Sylvia Duran Sharnoff and Stephen Sharnoff. Yale University Press.

The Lichens of Great Britain and Ireland (2009). C. W. Smith, A. Aptroot, B. J. Coppins, A. Fletcher, O. L. Gilbert, P. W. James and P. A. Wolseley. The British Lichen Society, Department of Botany, The Natural History Museum.

한글명 찾아보기

ㄱ

ㄴ

ㄷ

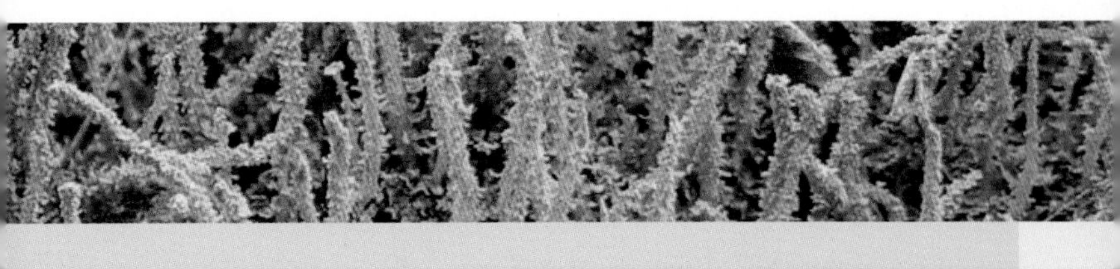

ㄹ

ㅁ

ㅂ

ㅅ

ㅇ

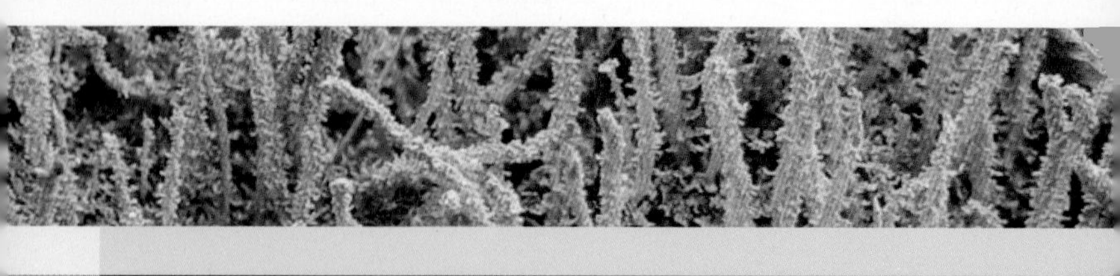

학명 찾아보기

K

L

M

N

P

R

S

T

U

X

우리 주변에서 볼 수 있는 지의류 199종

지의류 생태도감

A Field Guide to Lichens

초판 1쇄 발행 2015년 11월 20일
초판 2쇄 발행 2018년 4월 10일

지은이 국립수목원
연구 · 집필 허재선, 오순옥, 한상국, 신창호, 이유미

펴낸곳 지오북 (GEOBOOK)
펴낸이 황영심
편집 전유경, 이지영, 문화주
디자인 김길례, 장영숙

주소 서울특별시 종로구 사직로 8길 34, 오피스텔 1018호
Tel_02-732-0337
Fax_02-732-9337
eMail_book@geobook. co.kr
www.geobook.co.kr
cafe.naver.com/geobookpub

출판등록번호 제 300-2003-211
출판등록일 2003년 11월 27일

ISBN 978-89-94242-39-2 96480

이 도서의 국립중앙도서관 출판시도서목록(CIP)은 서지정보유통
지원시스템 홈페이지(http://seoji.nl.go.kr)와 국가자료공동목록시스템
(http://www.nl.go.kr/kolisnet)에서 이용하실 수 있습니다.
(CIP제어번호: CIP2015020280)